科学普及读本

———— 十大科普读物之一 ————

趣味数学谜题

〔俄罗斯〕雅科夫·伊西达洛维奇·别莱利曼 著

若鱼 译　贾英娟 绘

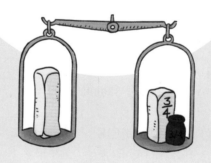

江西教育出版社

JIANGXI EDUCATION PUBLISHING HOUSE

图书在版编目（ＣＩＰ）数据

趣味数学谜题 ／（俄罗斯）雅科夫·伊西达洛维奇·别莱利曼著；若鱼译；贾英娟绘 . -- 南昌：江西教育出版社，2018.6

（趣味科学）

ISBN 978-7-5705-0142-7

Ⅰ．①趣… Ⅱ．①雅… ②若… ③贾… Ⅲ．①数学—青少年读物 Ⅳ．① 01-49

中国版本图书馆 CIP 数据核字（2018）第 005202 号

趣味数学谜题

QUWEI SHUXUEMITI

〔俄罗斯〕雅科夫·伊西达洛维奇·别莱利曼　著

若鱼　译　　贾英娟　绘

· ·

江西教育出版社出版

（南昌市抚河北路 291 号　邮编：330008）

各地新华书店经销

大厂回族自治县德诚印务有限公司印刷

710mm×1000mm　16 开本　　17 印张　　260 千字

2018 年 6 月第 1 版　　2018 年 10 月第 2 次印刷

ISBN 978-7-5705-0142-7

定价：46.00 元

· ·

赣教版图书如有印制质量问题，请向我社调换　电话：0791-86705984

投稿邮箱：JXJYCBS@163.com　　　　电话：0791-86705643

网址：http://www.jxeph.com

赣版权登字 -02-2018-302

作者简介

雅科夫·伊西达洛维奇·别莱利曼（1882—1942）不是一个可以用"学者"这个词的本义来形容的学者。他没有什么科学发现，也没有什么称号，但是他把自己的一生都献给了科学；他从来不认为自己是一个作家，但是他的作品印刷量足以让任何一个成功作家羡慕不已。

别莱利曼诞生于俄罗斯格罗德省别洛斯托克市，17 岁开始在报刊上发表作品，1909 年毕业于圣彼得堡林学院，此后从事教学和科学写作。1913—1916 年完成《趣味物理学》，为他以后完成一系列的科学读物奠定了基础。1919—1923 年，他创办了苏联第一份科普杂志《在大自然的实验室里》，并担任主编。1925—1932 年，担任时代出版社理事，组织出版大量趣味科普图书。1935 年，主持创办列宁格勒（圣彼得堡）"趣味科学之家"博物馆，开展广泛的青少年科普活动。在卫国战争中，还为苏联军队举办军事科普讲座，这也是他在几十年的科普生涯中作出的最后的贡献。在德国法西斯围困列宁格勒期间，他不幸于1942年3月16日辞世。

别莱利曼一生写了105本书，大部分都是趣味科普读物。他的许多作品已经再版了十几次，被翻译成多国文字，至今仍在全球范围内出版发行，深受各国读者朋友的喜爱。

凡是读过他的书的人，无不被他作品的优美、流畅、充实和趣味性而倾倒。他将文学语言和科学语言完美结合，将生活实际与科学理论巧妙联系，能把一个问题、一个原理叙述得简洁生动而又十分准确，妙趣横生——让人感觉自己仿佛不是在读书、学习，而是在听什么新奇的故事一样。

1957年，苏联发射了第一颗人造地球卫星，1959年，发射的无人月球探测器"月球3号"，传回了航天史上第一张月亮背面照片，其中拍到了一个月球环形山，后被命名为"别莱利曼"环形山，以纪念这位卓越的科普大师。

CONTENTS 目录

第六章　质量谜题

第七章　钟表谜题

第八章　交通谜题

第九章　出人意料的计算谜题

第十章　不容易解决的谜题

第十一章　《格列佛游记》中的谜题

第十二章　数字谜题

第十三章　数数的谜题

第十四章　简易的心算谜题

第十八章　测量谜题

第十九章　多米诺骨牌谜题

第二十章　有趣的数学游戏谜题

第一章 排列与布局的谜题

1 六边形排列法

【题】不知道你们是否玩过这样一个小游戏，将9匹马安置在10个围栏中，而且保证每个围栏中都有一匹马。下面将要提到的这个问题与这个小游戏很像，这个问题就是：如何将24个人排成6排，并且保证每一排都有5个人。

【解】这24个人按照图1的六边形排队，就能满足所有要求。

图 1

2 一笔勾掉9个0

【题】如下排列的9个0：

0 0 0

0 0 0

0 0 0

只用 4 条直线如何将这 9 个 0 全部勾掉，在勾掉 9 个 0 的时候笔尖不能离开纸。

【解】答案如图 2 所示。

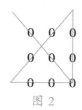

图 2

3 36 个 0 的排列

【题】请看下面方格中的 36 个 0，划掉 12 个 0，划掉后要保证横竖各行没有被划掉的 0 的数目相同。

0	0	0	0	0	0
0	0	0	0	0	0
0	0	0	0	0	0
0	0	0	0	0	0
0	0	0	0	0	0
0	0	0	0	0	0

应该划掉哪些 0 呢？

【解】36个0划掉12个，会留下24个，也就是每一排留下4个。没有被划掉的0应该如下排列：

0		0	0	0	
		0	0	0	0
0	0	0			0
0	0		0		0
0	0			0	0
	0	0	0	0	

4 两个棋子的排法

【题】将两个不同的棋子放在空的棋盘上，它们在棋盘上能摆出多少种不同的位置？

【解】第一枚棋子可以放在棋盘上的任何一个空白位置，即有64种方法。第一枚棋子放好后，第二枚棋子就剩下63个可以任意放的空白位置。也就是说，第一枚棋子的任意64种放法中的每一种都可以通过第二枚棋子变换出63种放法，由此可以得出摆放两枚棋子的方法总数：$64 \times 63 = 4\ 032$。

5 | 格子图案上的苍蝇

【题】有 9 只苍蝇停留在窗帘的正方形格子图案上，此刻它们所在的位置如图 3 所示，任意两只苍蝇都不在同一直线或者斜线上。

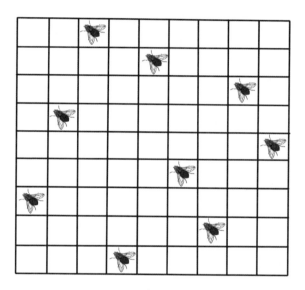

图 3

过了几分钟，有 3 只苍蝇爬到了中间空着的方格中，剩下的 6 只没有动，还保持在原来的位置。巧妙的是，尽管有 3 只苍蝇移动了位置，但是最后 9 只苍蝇所处的位置，仍然是任意两只苍蝇都不在同一直线或者斜线上。

你知道那 3 只苍蝇是怎么移动的吗？

【解】找到图 4 中的箭头，箭头所在的方格是原来苍蝇所在的位置，箭头指示的方格就是苍蝇移动后所在的位置。

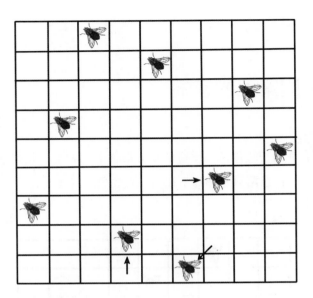

图 4

科学家通过研究苍蝇的眼睛发明了很多利于人们生活的仿生仪器，比如：发明制造出"蝇眼"照相机，被用来复制计算机的显微电路；测量物体运动速度的光学测速仪；国防上用的"紫外眼"；等。

6 8个数字9个格

【题】如图5所示，8个数字排列在9个方格中，空出一个方格。将8个数字移动到空着的方格中，直到这些数字按照大小顺序排列。如果不限制移动的次数，完成这个题目并不难，但是如果要求用最少次数移动，能算出最少的次数是多少吗?

图 5

【解】各个数字的移动顺序是 1、2、6、5、3、1、2、6、5、3、1、2、4、8、7、1、2、4、8、7、4、5、6,所以最少的移动次数为 23 次。

7 松鼠和兔子要怎么跳

【题】图 6 中有 8 个木桩,分别标有 1 ~ 8 的编号,在木桩 1 和木桩 3 上坐着兔子,木桩 6 和木桩 8 上坐着松鼠,但是兔子和松鼠都不喜欢自己的木桩,它们想换位置:兔子想坐在松鼠的木桩上,松鼠想坐在兔子的木桩上。它们可以从一个木桩跳到另一个木桩上,但是需要遵守下面的规则:

①只能按照图中连线的木桩跳,每一个小动物都可以连续跳几次。

②两只小动物不能同时坐在一个木桩上，所以只能分别跳到空木桩上。

③要用最少的跳跃次数达到松鼠和兔子换位置的目的。

松鼠和兔子要怎么做呢？

图 6

【解】最少跳跃 16 次，跳跃方法如下所示：

1－5	7－1	3－7	8－4
8－4	6－2	1－5	2－8
3－7	5－6	6－2	7－1
4－3	2－8	5－6	4－3

数字指示的是跳跃的木桩，比如 1-5 是兔子从木桩 1 跳到木桩 5，一共需要跳 16 次。

8 移动家具的谜题

【题】图 7 是别墅的平面图，房间 1、3、4、5、6 中分别摆放着办公桌、钢琴、床、橱柜和书架，只有房间 2 中没有摆放家具。

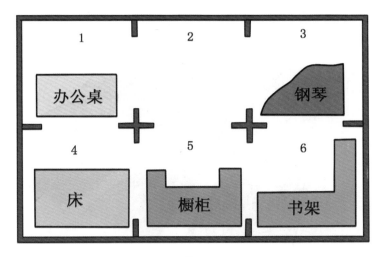

图 7

别墅的主人想交换钢琴和书架的位置，但是因为各个房间都比较小，两件家具不能同时摆放在一个房间，所以空房间 2 可以作为交换的中转站。

怎么用最少的移动次数把家具从一个房间移动到另一个房间，最终达到主人的要求呢？

【解】至少需要移动 17 次，可以按照下面的顺序移动：

1. 钢琴；2. 书架；3. 橱柜；4. 钢琴；5. 办公桌；6. 床；7. 钢琴；8. 橱柜；9. 书架；10. 办公桌；11. 橱柜；12. 钢琴；13. 床；14. 橱柜；15. 办公桌；16. 书架；17. 钢琴。

9 三条不交叉的路

【题】彼得、巴维尔、雅科夫三兄弟得到了三块地，这三块地并排在一起，虽然离家不远，但是从图8中房子和地的分布情况不难看出，地的位置并不方便各自耕种，而三兄弟也没能商量好如何交换。

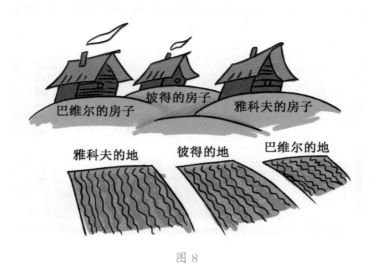

图 8

每一个人都想要在自己的地上建菜园，而三个人去菜园最近的路交叉在一起，很快三兄弟就发生了争执。因此，三兄弟为了避免争执，决定找到一条能够到达自己菜园又不与他人发生交叉的路线。经过长时间的寻找，三兄弟终于找到了各自去菜园的路，他们现在每天去自己的菜园也不会再遇到了。

你能找到三兄弟各自的路吗？而且这三条路都不能绕过彼得家的后面。

【解】图9中就是三兄弟各自找到的路，但是为了不在路上遇见彼此，彼得和巴维尔不得不绕远。

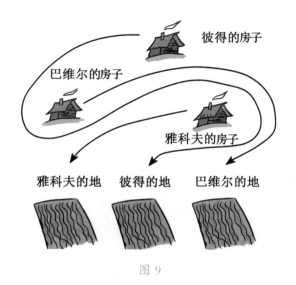

彼得的房子

巴维尔的房子

雅科夫的房子

雅科夫的地　　彼得的地　　巴维尔的地

图 9

10 哨兵们的小把戏

【题】有一个古老的小把戏，有很多版本，下面就给大家讲其中的一个版本。

如图 10 所示，一共有 24 名哨兵，分 8 队守卫着长官的帐篷，每个帐篷里有三位哨兵把守。哨兵们可以去彼此把守的帐篷做客，长官会检查把守帐篷的人数，如果做客时仍然保持帐篷里有三位哨兵的数量，长官就不会责罚他们；如果每排 3 个帐篷里哨兵的总数是 9 个，长官就认为所有人都到齐了。

哨兵们掌握了长官查人数的规律后，找到了欺骗长官的方法。一天晚上，有 4 个哨兵走开了，长官没有发现，又有一晚，6 个哨兵走开了，长官又没发现。最后，哨兵就开始请人来做客：第一次是 4 个人，第二次是 8 个人，第三次是 12 个人。因为长官每次都能在每排的三个帐篷中数到总人数 9 人，所以这些把戏都瞒过了长官。

你知道哨兵们是怎么做到的吗?

图 10

【解】可以按照图 11 推理，很容易就能得到答案。

	IV	V	VI
I	3	3	3
II	3		3
III	3	3	3

a

4	1	4
1		1
4	1	4

b

5		4
4		5

c

2	5	2
5		5
2	5	2

d

1	7	1
7		7
1	7	1

e

	9	
9		9
	9	

f

图 11

如果 24 名哨兵，8 队全部在自己的帐篷把守，应该如图 11a 所示。

如果 4 名哨兵离开而又不被长官发现，图 11b 中的 Ⅰ 和 Ⅲ 排必须有 9 个哨兵，那么 Ⅱ 排的哨兵人数是:24-4=20，20-18=2，两个哨兵应该分别在这一排左右两边的帐篷里。这样在 Ⅴ 列上下两个帐篷里分别有 1 个哨兵，现在也清楚知道在四角的帐篷里分别有 4 个哨兵。由此得出少了 4 个人时如何安排来骗过长官。

同样推理可得到:少了 6 个人的安排，如图 11c;加入 4 个客人的安排，如图 11d;加入 8 个客人的安排，如图 11e;加入 12 个客人的安排，如图 11f。由此规律不难看出，离开的哨兵不能超过 6 个，加入的哨兵不能超过 12 个。

11 城堡的排列

【题】古代有一位统治者想建造 10 座城堡，然后用城墙围起来，但是城墙要连成 5 条直线并且在每条线上要有 4 座城堡。建筑师提出了如图 12 的设计方案，可是统治者并不满意。

因为他觉得，这样分布可以轻易从外面到达任意一座城堡，而他希望有一两座城堡是被围墙包围起来的，从外面无法到达。建筑师觉得无法同时满足每条线上都有 4 座城堡又让围墙包围一两座城堡这两个条件，但是统治者非常固执，一定要建筑师按照自己的要求建造城堡。

幸运的是，建筑师思索了很长时间，最后终于满足了统治者的要求。那么，你知道建筑师最后是如何建造这 10 座城堡的吗？

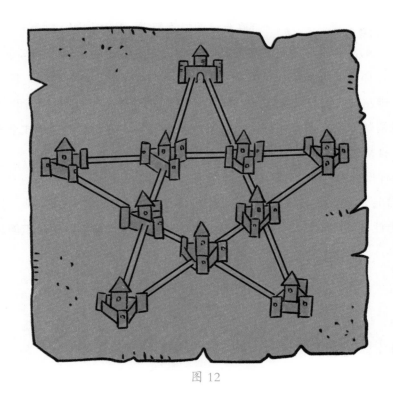

图 12

【解】图 13 就是建筑师最后完成的 5 种符合统治者要求的设计图。10
座城堡的位置满足了 5 条直线上的每一条都有 4 座城堡，而且有一两座城堡
被围墙包围。

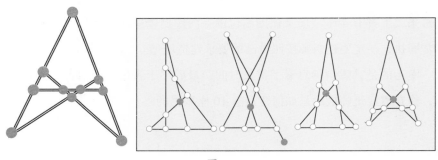

图 13

12 快被砍光的果树

【题】果园中有 49 棵树如图 14 分布。园丁觉得树太多了，想砍掉一些树，改为栽花。他叫来工人，对他们说："只留下 5 排树，每排 4 棵，剩下的砍掉你们拿去用吧。"工人砍伐完，园丁出来一看很失望，果园里被砍掉了 39 棵树，只剩下 10 棵，几乎被砍光了。

图 14

"为什么砍掉了这么多？我不是说过留下20棵吗？"园丁朝工人吼道。

"你没有说'20'啊，只说留下5排，每排4棵。你看，我就是这么做的。"工人辩驳说。

园丁仔细一看，果然，没被砍掉的10棵树构成了5排，每排4棵。工人是按照他的指示砍的，只是多砍了10棵树。工人是怎么做的呢？

【解】没被砍掉的树如图15分布，留下5排，每排4棵。

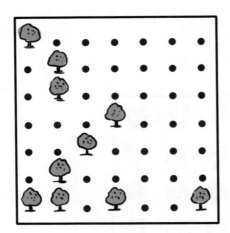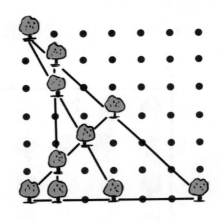

图 15

大到城市的建设，小到家里用的桌椅板凳都离不开木材，但木材并不是想用就能随便砍伐。我国的《森林法》第八条第四、六款规定：国家保护森林资源的主要措施是征收育林基金，专门用于造林育林，并建立林业基金制度。木材收购单位和个人在收购木材时不得收购没有林木采伐许可证或者其他合法来源证明的木材。在林木采伐许可证许可的时间内，许可的采伐地，许可的采伐范围之内采伐的木料才是合法来源木料，否则就是非法来源木料。

13 猫吃老鼠

【题】如图 16 所示，13 只老鼠围着一只猫，猫打算按照顺序吃掉它们，每一次按照顺时针方向，数到第 13 只就吃掉它。猫要从哪只老鼠开始吃才能保证最后一只吃到的是白老鼠？

图 16

【解】先找到小白鼠所在，按顺时针数到第 5 只老鼠，也就是猫看着的那只。先吃这只，每次吃到第 13 只，最后被吃掉的就是白老鼠。

第二章

拼剪谜题

1 三条直线切割法

【题】将图 17 用三条直线切割成七个部分，使每一部分都有一只动物。

图 17

【解】分割方法如图 18 所示。

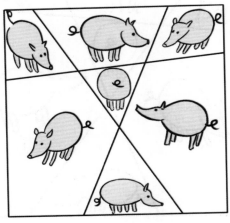

图 18

2 切割表盘

【题】如图19中的表盘，不管用什么形状，把表盘切割成6部分，但是要让每一部分的数字的总和相等。这道题不但考察头脑的灵活性，还要求思考速度快。

图 19

【解】表盘上数字1到12的总和是78，表盘分割成6部分，每一部分数字的和应该是$\frac{78}{6}$=13。分割方法如图20所示。

图 20

现代机械钟表中使用的擒纵器，可以说是源自中国古代苏颂的发明。北宋宰相苏颂主持建造了一台水运仪象台，每天仅有一秒的误差，而且它有擒纵器，正是擒纵器工作时能发出嘀嗒嘀嗒的声音。

3 弯月的切割

【题】用两条线将图 21 中的弯月切割成 6 部分，要怎么切？

图 21

【解】切割方法如图 22 标记出的 6 部分。

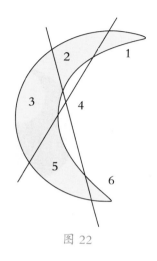

图 22

4 逗号的切割与拼接

【题】图 23 中有一个大逗号，直线 AB 将其分割为左右两部分，AB 的右边有一个半圆，AC 的左边和 BC 的右边分别有个半圆。那么怎么用一条曲线将逗号分割成两个完全一样的部分？怎么用两个逗号组成一个圆呢？

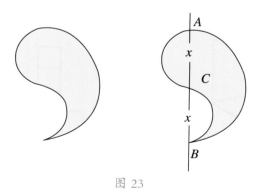

图 23

【解】如图 24a 的分割方法，可以将逗号分割成两个完全一样的部分。图 24b 是用两个逗号拼成的圆。

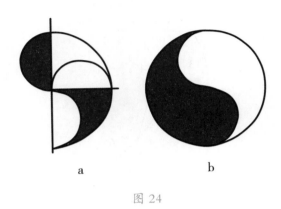

图 24

5 立方体的打开法

【题】用纸板做一个正方体，沿着正方体的边剪开可以得到 6 个正方形，这 6 个正方形展现出的形状如图 25 所示。剪开立方体，能得到多少种不同的展开正方形？换句话说，可以用多少种方式打开立方体？

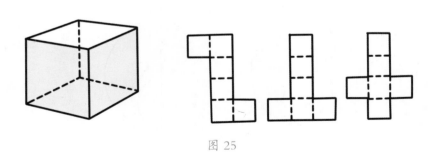

图 25

【解】总共有 10 种方法，如图 26 所示。翻转第一个和第五个图形，又能增加两种打开方式，那么最后总的打开方式是 12 种。

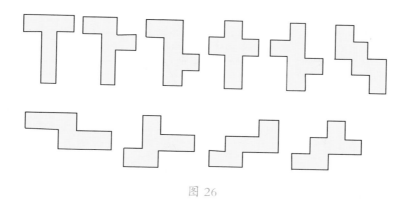

图 26

6 三角形拼成正方形

【题】（1）如何用图 27a 所示的五张纸组成一个正方形呢？

（2）图 27b 中有五个形状一样的直角三角形，一个直角边是另一个直角边的 2 倍，用这五个三角形组成一个正方形，只可以将其中一个三角形剪成两部分。你知道要怎么裁剪拼接吗？

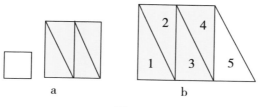

图 27

【解】图28a 所示是问题（1）的答案。图28b 所示是问题（2）的答案，其中一个三角形被剪成 A 和 B 两部分。

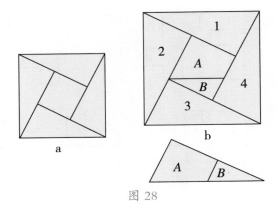

图 28

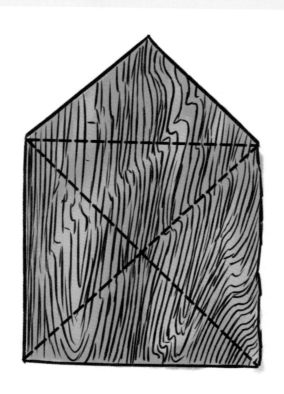

1 木匠一的正方形测法

【题】一位木匠想出了一个检验锯出的木板是不是正方形的办法，即分别测量四条边的长度，如果一样，就说明锯出的是正方形。木匠的这个方法靠谱吗？

【解】不靠谱。如果只用这个方法检测，不足以证明锯出的就一定是正方形。如图29所示的菱形，四边都相等，但是四个角都不是直角，就不是正方形。

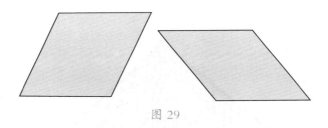

图 29

2 木匠二的正方形测法

【题】第二位木匠想到了另外一种检验方法，他不量边长，而量对角线，如果两条对角线一样长，就说明锯出的是个正方形。那么，第二位木匠的方法可靠吗？

【解】同样不可靠。虽然正方形的对角线是一样长，但是对角线一样长的四边形不一定就是正方形，如图30所示。其实，两位木匠的方法都有可取之处，如果两种检验方法都能满足，那么就可以确定锯出的是正方形了，因为所有对角线相等的菱形都是正方形。

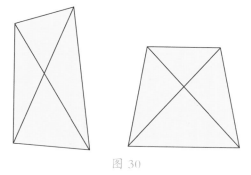

图 30

3 木匠三的正方形测法

【题】第三位木匠在检验的时候发现了一个有趣的现象，正方形被两条对角线分割出的四部分的面积是一样的（如图 31），他认为这也可以作为证明锯出的四边形是正方形的方法。你觉得呢？

图 31

【解】这种方法也是不可靠的。只能检验出锯出的四边形是直角的，但并不一定就是四边等长的正方形。如图 32 所示。

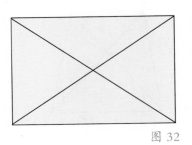

图 32

 小贴士

中国历史上有一位著名的"木匠皇帝"——明朝第十五代皇帝朱由校。朱由校，庙号熹宗，一生沉迷于木匠活。因为嫌弃工匠打造出的床既笨重又不美观，他就亲自设计并动手制作出一张可以折叠的、床架上雕刻有各种花纹的床，为当时的工匠所叹服，成了名副其实的"木匠皇帝"。

4 裁缝一的正方形测法

【题】有一位裁缝需要剪出一块正方形的布，剪完后他将布沿对角线对折，看两部分是否完全重合，以此来检验剪出来的形状是不是正方形。如果能重合那就是正方形，不能就不是，这样检验可靠吗？

【解】这个方法只能证明图形是对称的，并不能确定就是正方形。如图 33 中的几个图形都能通过检验，按照对角线对折后两部分完全重合在一起，但它们都不是正方形。

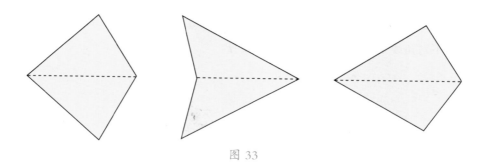

图 33

5 裁缝二的正方形测法

【题】第二位裁缝不认同第一位裁缝的检验方法，她觉得应该先沿着一条对角线对折，然后再沿着另外一条对角线对折。如果两次对折后都能重合，那就是正方形。你觉得第二位裁缝的检验方法可行吗？

【解】第二位裁缝的检验方法同样不可靠。可以裁剪出很多满足她检验方法的四边形，但不一定就是正方形，如图 34 中的菱形。

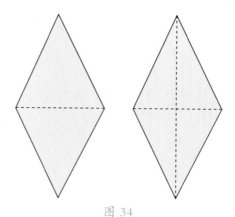

图 34

要想确定裁剪出的布是不是正方形，除了按照裁缝的方法检验外，还要量一下对角线是否等长或四个角是否相等。

6 木匠的难题

【题】木匠有一个五边形的木板，如图35所示。这块木板的上面为三角形，下面为正方形，木匠想不添加也不减少地就把这块木板变成正方形。肯定需要先将这块木板锯成几块，但是木匠又不想所锯的线条超过两条。

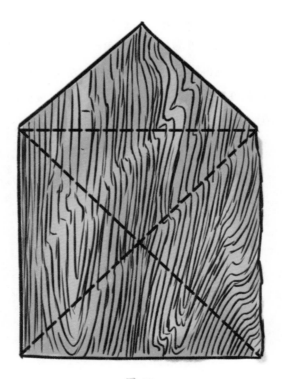

图 35

趣味科学
——趣味数学谜题

你能帮助木匠用不超过两条的线条切割木板，然后拼成一个正方形吗？

【解】方法就在图 36 中。第一条线从顶点 C 开始到 DE 边中点切割，第二条线从 DE 边中点开始到顶点 A 切割，由此能得到 1、2、3 块木板，再按照图中的方法把这三块木板拼成正方形。

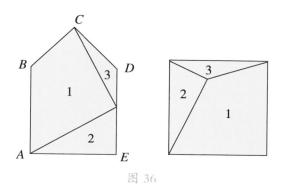

图 36

第四章

工作上的谜题

1 需要几名挖土工

【题】5名挖土工挖出一条5米的长沟需要5小时，那么在100小时内挖出100米的长沟需要几名挖土工？

【解】只需要5名挖土工。千万别掉进这个题目的陷阱，看到题目中说5名挖土工5个小时内能挖5米长，则认为1名挖土工1小时挖1米，那么100小时挖100米就需要100人，但这个思维模式是错误的。

实际上，5名挖土工5小时内能挖5米，也就是5名挖土工1小时挖1米，所以100小时挖100米。

2 锯木头的时间

【题】有一根长5米的原木，木匠要将原木锯成1米长的木条，他每锯一次需要1.5分钟，那么将整根原木锯完需要多长时间？

【解】很容易想到锯1米需要1.5分钟，5米应该是1.5×5=7.5，也就是需要7.5分钟。但是别忘了，锯最后一次可以得到两段，也就是说，锯4次就行了，不用锯第5次。所以，正确的算法应该是1.5×4=6，实际上，只需要6分钟。

3 粗木匠和细木匠的收入

【题】一个木匠小组完成一项任务，这个小组由 6 名粗木匠和 1 名细木匠组成。一名粗木匠的收入是 20 元，细木匠的收入比小组 7 名成员的平均收入多 3 元。请问：细木匠的收入是多少？

【解】假设细木匠的收入是 x 元，小组 7 名成员的平均收入就是 $(20 \times 6 + x) \div 7$，而细木匠的收入比平均收入多 3 元，由此可以得出一个关系式：$x - 3 = (20 \times 6 + x) \div 7$，计算出 $x = 23.5$，也就是说，细木匠的收入是 23.5 元。

> **小贴士**
>
> 榫卯是中国古代木匠必须具备的基本技能，只凭借木头之间一种凹凸结合的连接方式，制作出各种家具、建筑、器械等。工匠手艺的高低通过榫卯的结构就能清楚地反映出来。

4 断开的 5 根铁链

【题】铁匠拿出 5 根铁链，每根铁链上有 3 个铁环，如图 37 所示。铁匠想将这 5 根铁链连成一个长铁链，要怎么做呢？铁匠想了想，应该先打开几个铁环，再重新锻造上，5 根链条连成一条的话就要打开 4 个铁环。

可以用最少打开铁环数来完成工作吗？

图 37

【解】只需要打开一根铁链上的 3 个铁环，然后用这 3 个铁环两端分别连上一根铁链就可以了。

5 各修多少辆摩托车和汽车

【题】一间修车厂一个月能修好 40 辆车，包括汽车和摩托车，所修车的轮胎总数是 100 个。问：修车厂修好了多少辆汽车和多少辆摩托车？

【解】假设修好的 40 辆车全部是摩托车，总的轮胎数应该是 80 个，比实际计算的总数少 20 个。如果用一辆汽车代替一辆摩托车，轮胎数就会增加两个，那么与实际轮胎数之间的差距将减少两个，如果想要将差距缩减到 0，就要进行 10 次这样的替换。由此可以得出，汽车是 10 辆，摩托车是 30 辆，即 $10 \times 4 + 30 \times 2 = 100$。

6 削土豆皮的时间

【题】两个人要给 400 个土豆削皮，其中一个人每分钟能削 3 个土豆，另一个人每分钟能削 2 个土豆，第二个人比第一个人多花 25 分钟完成工作。这两人完成工作分别花了多长时间？

【解】第二个人在多花的 25 分钟里一共削了 50 个土豆，即 2×25=50。从总数 400 个土豆中减去 50 个，那么在相同的时间里两个人一共削了 350 个土豆，一分钟内两个人一共能削 5 个土豆，那么削完 350 个土豆，每个人都工作了 70 分钟，即 350÷5=70，这就是第一个人的工作时间，再加上 25 分钟就是第二个人的工作时间，即 95 分钟。

可以用公式证明一下所算出时间的正确性，3×70+2×95=400，一共 400 个土豆。

7 两个工人的工作时间

【题】两个人一起用了 7 天时间完成一项工作，第二个人比第一个人晚了两天开始工作。如果两个人单独完成这项工作，第一个人要比第二个人晚 4 天完成工作。

那么，两个人单独完成工作各需要几天？这道题纯算数就可以完成，不必用到分数。

【解】因为两个人单独完成全部工作，时间差是 4 天，所以如果分别单独完成一半工作，第一个人需要的时间就比第二个人多两天。然而，两个人一起工作时第二个人刚好晚了两天，显然在 7 天时间里，第一个人刚好完成了一半工作，第二个人用 5 天完成了另外一半工作。所以可以知道，单独完成这项工作，第一个人需要 14 天，第二个人需要 10 天。

8 打字需要多少时间

【题】两名打字员完成录入报告的工作，有经验的一名用了 2 个小时录完，第二名用了 3 个小时。如果考虑在最短的时间内完成录入任务，他们需要多长时间才能完成这份工作？

这道题可以用解答著名的蓄水池问题的方法：先计算出每位打字员在 1 小时内完成的工作占总工作的多少，再将两个分数加在一起，用整数 1 除以这个分数。

你还能想出与这个传统解题方法不同的新解题方法吗？

【解】新的解题方法是这样的。首先设定一个条件：想要用最短的时间完成任务，两名打字员应该同时工作，而且没有休息的时间差。已经知道，有经验的打字员的速度是没经验的打字员的 1.5 倍，那么有经验的打字员完成的工作量就是没经验打字员的 1.5 倍，只有这样两人才能同时完成工作。所以，有经验的人应该完成报告的 $\frac{3}{5}$ 的录入工作，没经验的完成 $\frac{2}{5}$ 的录入工作，接着再算出有经验的人完成 $\frac{3}{5}$ 所需要的时间，题目就能解出来了。

又得知有经验的打字员完成全部工作需要 2 小时，完成 $\frac{3}{5}$ 的工作就需要 $2 \times \frac{3}{5} = \frac{6}{5}$ 小时，没经验的打字员也应该在这个时间段内完成自己的那部分工作。所以，两名打字员完成录入工作的最短用时是 1 小时 12 分钟。

9 面粉的质量

【题】商店需要称出 5 袋面粉的质量，店中有秤，但是缺少几个秤砣，所以称不出 50~100 千克之间的质量，而每袋面粉的质量在 50~60 千克。店主并没有着急，他把每两袋面粉放在一起称，5 袋面粉组成 10 对，称出 10 次得到下面一组数字：110 千克、112 千克、113 千克、114 千克、115 千克、116 千克、117 千克、118 千克、120 千克、121 千克。

请问，5 袋面粉分别重多少千克？

【解】这道题其实并不难，不用方程式就可以解出。

店主将称出的 10 个数字加在一起的和是 1156，因为每袋面粉被称了 4 次，所以这个数字是总质量的 4 倍，除以 4，得出 5 袋面粉的总质量是 289 千克。

根据质量将每袋面粉编上号，最轻的是 1 号，第二轻的是 2 号……以此类推，最重的一袋是 5 号。在称出的 110、112、113、114、115、116、117、118、120、121 这些数字中，已知 110 是面粉 1 和面粉 2 的质量和，112 是面粉 1 和面粉 3 的质量和，121 是最重的两袋面粉 4 和面粉 5 的质量和，120 是面粉 3 和面粉 5 的质量和，所以可以推断出：

面粉 1 和面粉 2 重 110 千克，

面粉 1 和面粉 3 重 112 千克，

面粉 3 和面粉 5 重 120 千克，

面粉 4 和面粉 5 重 121 千克。

进一步得出，面粉 1、2、4、5 的质量和是 110+121=231 千克，用总质量 289 千克减去 231 千克得出的 58 千克就是面粉 3 的质量，其余几袋面粉的质量也很容易算出来了。

面粉 1 的质量为：112-58=54 千克，

面粉 2 的质量为：110-54=56 千克，

面粉 5 的质量为：120-58=62 千克，

面粉 4 的质量为：121-62=59 千克。

即 5 袋面粉的质量分别为 54 千克、56 千克、58 千克、59 千克、62 千克。

1 柠檬的价格

【题】三打柠檬的价钱和 16 元能买到的柠檬的个数相等，一打柠檬多少钱？

【解】一打柠檬 12 个，三打柠檬是 36 个，总价钱等于 16 元买到的柠檬的个数。

三打柠檬总价 = 单价 × 36

16 元买到的柠檬的个数 =16÷ 单价

二者相等，即单价 ×36=16÷ 单价

如果等号右边不除以单价，那么左边将增大"单价"倍数，并等于 16，即 36× 单价 × 单价 =16；

如果等号左边不乘以 36，那么右边将减少到 $\frac{1}{36}$，即单价 × 单价 = $\frac{16}{36}$。

由以上可得，柠檬的单价是 $\frac{2}{3}$ 元，一打柠檬的价钱就是 $\frac{2}{3}$ ×12=8 元。

2 斗篷、帽子和套鞋

【题】一个人花了 140 元买了一件斗篷、一顶帽子和一双套鞋。斗篷比帽子贵 90 元，帽子和斗篷加起来比套鞋贵 120 元。

斗篷、帽子、套鞋各多少钱（要求不用方程式，用心算）？

【解】假设不是买了三样东西而是买了两双套鞋，那么花费就会比 140 元少，所少的数是套鞋比斗篷和帽子便宜的 120 元，由此可以得到两双套鞋的总价是 140-120=20 元，那么一双套鞋的价钱就是 10 元。

一双套鞋的价钱知道了，就能算出斗篷和帽子一共花费 140-10=130 元，而斗篷比帽子贵 90 元。按照前面的解题思路，假设买到的是两顶帽子，则花费要比 130 元少 90 元，因此两顶帽子的总价是 130-90=40 元，一顶帽子的价钱是 20 元。

综上所述，三样东西的价钱分别为：套鞋 10 元，帽子 20 元，斗篷 110 元。

3 钱包里的钱

【题】钱包里约有 15 元，包括一元面额纸币和两角面额硬币。拿着钱包去买东西，回来时还剩下一些钱，剩下的一元纸币数和原来两角面额硬币数一样；剩下的两角面额硬币数和原来的一元纸币数一样；剩下的这些钱恰好是没花之前的 $\frac{1}{3}$。请问，买东西花了多少钱？

【解】可以先假设买东西前的一元纸币数是 x，两角硬币数是 y，可以得出原来钱包里的总钱数，选用统一单位分，即（$100x+20y$）分。

买完东西回来后钱包里的总钱数是：（$100y+20x$）分。

已知剩下的钱是原来的 $\frac{1}{3}$，因此 3（$100y+20x$）=$100x+20y$，简化后可以得出 $x=7y$。

设 $y=1$，则 $x=7$，那么原来钱包中的总钱数是 7 元 2 角，与已知的约 15 元不符；

设 $y=2$，则 $x=14$，那么原来钱包中的总钱数是 14 元 4 角，符合约 15 元；

设 $y=3$，则 $x=21$，那么原来钱包中的总钱数是 21 元 6 角，远超过 15 元。

综上推断，14 元 4 角是最符合题目的。买完东西后剩下 2 张一元纸币和 14 枚两角硬币，即 200+280=480 分，也符合是原来钱数的 $\frac{1}{3}$。

那么，花掉的钱应该是 1440-480=960 分，即买了 9 元 6 角的东西。

4 各买了多少水果

【题】有人花了 5 元买了 100 个水果，其中西瓜 5 角一个，苹果 1 角一个，李子 1 角 10 个。你知道这三种水果各买了多少个吗？

【解】答案只有一个，如下所示：

水果	个数	价钱
西瓜	1	5 角
苹果	39	3 元 9 角
李子	60	6 角
共计	100	5 元

5 涨价和降价

【题】商品的价格上涨 10%，接着又下降 10%，价格是涨价前比较低还是降价后比较低？

【解】降价后商品的价格比涨价前便宜 1%。可以通过下面的计算得出：

因为涨价，商品的价格变为 110%，是原来商品价格的 1.1 倍，再降价，商品的价格变为 $1.1 \times 0.9 = 0.99$，也就是原来价钱的 99%。

6 酒桶的谜题

【题】商店里有6桶酒，桶的外面都标有桶中酒的升数，如图38所示。一天，有两个顾客买酒，第一个人买了两桶，第二个人买了三桶，第一个人买的酒的升数比第二个人少$\frac{1}{2}$。六桶酒卖出去五桶，剩下的一桶是哪一个？

图 38

【解】剩下的是标有20升酒的酒桶。

第一个人买的是标有15升和18升的两桶酒，第二个人买的是标有16升、19升、31升的三桶酒。因此得出：

$$15+18=33$$

$$16+19+31=66$$

第二个人买的酒的升数是第一个人的两倍，所以只能剩下装20升酒的酒桶，这是唯一可能的答案，其他买酒组合不能满足题目要求的条件。

7 卖鸡蛋的谜题

【题】这是一个古老的民间问题，看题目会觉得有些荒谬，因为题目中出现了卖半个鸡蛋，但是完全可以解答出来。

村妇拿鸡蛋去市场上卖，第一位顾客买了全部鸡蛋的一半又 $\frac{1}{2}$ 个，第二位顾客买了剩下鸡蛋的一半又 $\frac{1}{2}$ 个，第三位顾客只买了一个鸡蛋，到此为止村妇的鸡蛋全部卖完了。

村妇一共带了多少个鸡蛋来卖？

【解】这道题要从后面往前推算。第二位顾客买走剩下鸡蛋的一半又 $\frac{1}{2}$ 个后村妇手里就剩下了一个鸡蛋，也就是说，第一个人买完后剩下鸡蛋的一半就是一个半鸡蛋，那么第一位顾客买完后总共剩下三个鸡蛋，再加上 $\frac{1}{2}$ 个鸡蛋就等于村妇所有鸡蛋数的一半。由此就得出，村妇一共带了 7 个鸡蛋到市场上去卖。

再用下面的算术检验是否正确：

7÷2=3.5   3.5+0.5=4   7−4=3

3÷2=1.5   1.5+0.5=2   3−2=1

完全符合题目中的要求。

8 别涅季克托夫的怪题

【题】很多俄罗斯文学爱好者都没有发现，第一本俄语数学难题集的作者是诗人别涅季克托夫。这本难题集并没有出版，是以手稿的形式流传下来的，直到 1924 年才被大众发现。我曾经看过这本手稿，下面这个《怪题巧解》的小说就出自这本难题集。

一位老婆婆有 90 个鸡蛋，分给三个女儿拿到市场上去卖。给大女儿 10 个鸡蛋，给二女儿 30 个鸡蛋，给小女儿 50 个鸡蛋，同时告诉她们：

"你们要先商量好按照什么价格卖，都要坚持卖同一个价格。我希望老大利用自己的聪明才智，在遵守统一价格的前提下卖出 10 个鸡蛋的钱，与老二卖出 30 个鸡蛋的钱一样。"并且教二女儿，让她卖出 30 个鸡蛋的钱与三女儿卖出 50 个鸡蛋的钱一样。同时又说："你们三个最后收到的钱数要一样，并且能保证卖出 10 个鸡蛋的钱数不少于 10 分，卖出 90 个鸡蛋的总钱数不少于 90 分。"

思考一下，女儿们是如何满足妈妈的要求去卖鸡蛋的呢？

【解】我们可以继续把故事讲完。

三个女儿觉得这个问题比较难解决，去卖鸡蛋前商量，二女儿和三女儿决定听大女儿的，大女儿思考了下说："我们不要以 10 个鸡蛋为一组去卖，而是 7 个鸡蛋一组卖 3 分钱，然后就按照妈妈说的那样我们每个人都要遵守这个定价。记住，不要随便降价！"

"7 个鸡蛋 3 分钱，太便宜了吧？"二女儿说。

"嗯，"大女儿解释道，"但是 7 个一组卖完后把剩下的鸡蛋价格涨上去。我预先计算过，市场上只有我们一家卖鸡蛋的，当货少又有需求的时候，即使大家知道涨价也没有人讲价，我们可以用剩下的鸡蛋弥补差额。"

"那剩下的鸡蛋按照什么价格卖呢？"小女儿问。

"按照每个鸡蛋 9 分钱的价格卖，而且是非常想买的人才卖给他。"

"太贵了。"二女儿反驳说。

"哪里贵，我们最开始 7 个鸡蛋一组卖的是很便宜的，剩下几个就该卖得贵。"大女儿说。

二女儿和小女儿都同意了。

她们到了市场上，各自坐在自己的位置上，开始以商量好的便宜的价格卖鸡蛋。顾客把小女儿50个鸡蛋抢购一空，她一共卖了7组7个鸡蛋，挣了21分钱，最后篮子里还剩下1个鸡蛋。二女儿的30个鸡蛋卖了4组7个鸡蛋，挣了12分钱，最后篮子里剩下2个鸡蛋。大女儿卖出了一组7个鸡蛋，挣了3分钱，最后剩下3个鸡蛋。

突然来了一位厨娘，因为主人的儿子们来做客，他们非常喜欢吃鸡蛋，就让厨娘来买鸡蛋，不管市场上有多少鸡蛋，只要买不少于10个鸡蛋就可以。厨娘在市场上转了又转，发现市场上的鸡蛋快卖完了，只剩下三姐妹的6个鸡蛋：第一个人的篮子里有1个鸡蛋，第二个人的篮子里有2个鸡蛋，第三个人的篮子里有3个鸡蛋。

厨娘先走到大女儿那问："三个鸡蛋多少钱？"

大女儿回答："每个鸡蛋9分钱。"

"什么？你疯了吗？"厨娘说。

"你看着办，"大女儿说，"便宜了不卖，这可是最后的了。"

厨娘又去二女儿那问："两个鸡蛋怎么卖？"

"一口价，每个鸡蛋9分钱。"二女儿说。

厨娘离开了，又走到小女儿那问："这一个鸡蛋多少钱？"

小女儿回答："9分钱。"

没办法，物以稀为贵，厨娘不得不以高价买了鸡蛋。

"所有剩下的鸡蛋我都要了。"

厨娘给了大女儿27分钱买下3个鸡蛋，加上之前卖的鸡蛋，大女儿一共挣了30分钱。厨娘花18分钱买下二女儿的2个鸡蛋，二女儿总共挣的刚好也是30分钱。小女儿从厨娘那里挣了9分钱，加上之前卖的21分钱，总共挣的也是30分钱。

三姐妹回到家，每个人都给了妈妈30分钱，并告诉妈妈她们是怎么遵守共同价格，最后卖掉的10个、30个、50个鸡蛋的价钱一样。妈妈很满意女儿们的表现和大女儿的聪明才智，不仅都符合了她的要求，而且最后还卖了90分钱。

看完这个故事题，读者可能会好奇：别涅季克托夫的这本难题集手稿到底是一本什么样的书呢？虽然这本书没有名字，但是作者在序言中对本书做了简单的介绍。

算数是一项让人愉快的"游戏"，许多游戏（别涅季克托夫的手稿中重点标出）都建立在数字计算的基础上。还有用扑克牌作为道具，参与到数字的计算当中，由此也产生了一些游戏。在解答某些习题的过程中，需要用到庞大的数字，这会激起解题人的好奇心，他们也由此形成了对数字的理解。我们将这些都划为算数的补充部分，要解答这些习题就要开动大脑，虽然有些习题看起来很荒谬，与常识相违背，但实际上还是有解答的办法，比如上面列举的《怪题巧解》。算数的实际应用有时候不仅需要纯算数原理，还需要开动脑筋，开发大脑建立在对大事小情涉猎的基础上，所以我们研究这些习题并非多余。

别涅季克托夫的手稿分为 20 个没有标号的章节，每章都有独立的标题。前几章标题如《有魔法的正方形》《猜出从 1 到 30 中被选定的数字》《猜出暗中安排好的数目》《暗中选中的数字自身被发现》《辨认出被勾掉的数字》等，后面是一些算数性质的扑克牌游戏，在这之后还有一些有趣的章节如《会施魔法的统帅和算术军队》——借助手指算乘法，以笑话的形式呈现出来。接下来就是上面讲过的卖鸡蛋的故事，倒数第二章是《不够摆满 64 格象棋盘的小麦》，讲的是关于象棋发明人的古老传说。最后，第 20 章是《居住在地球上的人口数》，讲的是尝试计算在整个人类历史中，地球上居住过的人口数量（《趣味代数学》中有过类似的计算）。

1 配件的质量

【题】一份配件的质量是89.4克，那100万份这样的配件重多少吨？

【解】这是一道简单的计算题，可以分两步进行。

第一步：1吨=1 000千克，1千克=1 000克，由此可以得出89.4克是0.0 000 894吨。

第二步：100万份即1 000 000份，0.0 000 894吨×100万=89.4吨。所以100万份这样的配件重89.4吨。

2 空罐子的质量

【题】一罐蜂蜜重500克，蜂蜜的质量是煤油的两倍，同样的罐子换成装煤油则重350克，那空罐子的质量是多少？

【解】空罐子的质量是200克。

因为蜂蜜的质量是煤油的两倍，所以可以知道罐子和蜂蜜的质量等于两份煤油和罐子的质量。已知用同一个罐子装蜂蜜和煤油的质量差是500-350=150克，所以得出装在罐子里的煤油的质量是150克。

由此可以得出空罐子的质量为：350-150=200克，而蜂蜜的质量则是500-200=300克，是煤油质量的两倍。

3 圆木的质量

【题】一根圆木重 30 千克，如果这根原木比现在粗一倍且短一半，那么它的质量将是多少？

【解】通常会认为，圆木宽度增加一倍，但是长度减少一半，其质量不变，其实是错误的。因为宽度增加一倍的情况下，整个圆木的体积是增加了三倍，这个时候长度减少一半，体积随之减少一半而已。变粗变短的圆木体积实际增加了两倍，也就是说，质量应该是原来的两倍，即 60 千克。

4 水中的天平

【题】一个普通的天平，一端放上重 2 千克的鹅卵石，另一端放上重 2 千克的铁砝码。然后把天平小心地放到水中，那天平两端还会继续保持平衡吗？

【解】肯定不会。因为每一个物体放到水中后都会变轻，"失去的质量"就是被物体自身体积挤出去的水的质量，这是由阿基米德发现并提出的法则，我们可以利用这个法则来解答这个问题。

同样重 2 千克的鹅卵石的体积比砝码的体积大，也就是说，放到水中后鹅卵石挤出去的水量比砝码的多，根据阿基米德法则可以知道鹅卵石在水下"失去的质量"比砝码的多。因此，天平在水中就不能继续保持平衡了，会向砝码那一端倾斜。

在中国，秤出现在春秋中晚期，楚国制造出的小型衡器——木衡·铜环权，用来称量黄金白银类货币。七千多年前的古埃及人，制造出一种悬挂式的双盘秤，有两个秤盘分别悬挂在秤梁的两端，用来称麦子。

5 十倍制天平

【题】100 千克重的铁钉放在十倍制天平[①]上，达到平衡后，将天平沉入水中，请问，天平在水中还能继续保持平衡吗？

【解】在放进水里的过程中，实心的铁质物体会失去自身质量的 $\frac{1}{8}$，所以在水下砝码的质量只是原来的 $\frac{7}{8}$。同样，铁钉在水下的质量也是原来的 $\frac{7}{8}$，又因为铁钉的实际质量是砝码的 10 倍，那么铁钉在水中的质量也是砝码的 10 倍，所以天平在水下依然可以保持平衡。

①十倍制天平：砝码可以与 10 倍重的物品取得平衡的天平。

6 肥皂的质量

【题】天平的一端放一整块肥皂，另一端放另外一块肥皂（大小是整块肥皂的 $\frac{3}{4}$）和 $\frac{3}{4}$ 千克重的砝码，天平达到平衡。

如果不用纸笔，仅用口算，你可以算出整块肥皂的质量是多少吗？

【解】从题目中可以得出一个关系式：$\frac{3}{4}$块肥皂质量 $+\frac{3}{4}$千克 = 整块肥皂质量，而整块肥皂的总质量 $=\frac{3}{4}$块肥皂质量 $+\frac{1}{4}$块肥皂质量，也就可以得出$\frac{1}{4}$块肥皂质量是$\frac{3}{4}$千克，整块肥皂是它的 4 倍，即 3 千克。

图 39

7 成猫和奶猫的谜题

【题】可以从图 40 中看到，4 只成猫和 3 只奶猫称重是 15 千克，3 只成猫和 4 只奶猫称重是 13 千克。每只成猫的质量是一样的，每只奶猫的质量也是一样的，试着用口算算出每只成猫和每只奶猫分别重多少。

图 40

【解】不难发现，比较两次称重是有质量差的，如果用一只奶猫替换一只成猫，总质量就减少了 2 千克，由此得出成猫比奶猫重 2 千克。根据这个关系，把第一次称重的 4 只成猫全部替换成奶猫，质量应该减少：2×4=8 千克，实际的总质量应该是：15-8=7 千克，因为替换完后一共是 7 只奶猫，所以 7 只奶猫的质量就是 7 千克，又因为每只奶猫的质量都一样，所以一只奶猫重 1 千克，而成猫比奶猫重 2 千克，所以得出成猫重 3 千克。

8 一个梨的质量

【题】如图 41 所示，第一次称重 3 个苹果、1 个梨的质量与 10 个桃子一样重；第二次称重 6 个桃子、1 个苹果的质量与 1 个梨一样重。请问，1 个梨的质量等于几个桃子的质量呢？

图 41

【解】从题目中已经知道 1 个梨的质量等于 6 个桃子加上 1 个苹果的质量，因此在第一次称重时可以用 6 个桃子和 1 个苹果代替 1 个梨，那么天平两端就变成：左边是 4 个苹果和 6 个桃子，右边是 10 个桃子。分别从左右两边拿下 6 个桃子天平仍然维持平衡，那么可以得出 4 个苹果和 4 个桃子质量相等。所以，1 个苹果的质量等于 1 个桃子的质量。

又因为 6 个桃子加 1 个苹果的质量等于 1 个梨，所以一个梨的质量等于 7 个桃子的质量。

9 杯子的谜题

【题】从图 42 的称重中可以看出瓶子、杯子、罐子和盘子有如下关系：

第一次称重：1 个瓶子 +1 个杯子 =1 个罐子；

第二次称重：1 个瓶子 =1 个杯子 +1 个盘子；

第三次称重：2 个罐子 =3 个盘子，

那么，1 个瓶子的质量等于多少个杯子的质量呢？

图 42

【解】解答这道题的方法有很多，下面给大家展示其中的一种解答方法。

从第一次称重中可以知道：1 个罐子 =1 个瓶子 +1 个杯子，那么将第三次称重中的罐子用瓶子和杯子替换，可以得出：2 个瓶子 +2 个杯子 =3 个盘子。

从第二次称重中知道：1 个瓶子 =1 个杯子 +1 个盘子，那么继续用 1 个杯子和 1 个盘子替换 1 个瓶子，得到：4 个杯子 +2 个盘子 =3 个盘子。

从天平两端分别拿下去 2 个盘子，就可以得到 1 个盘子的质量等于 4 个杯子的质量，那么 1 个瓶子的质量就等于 5 个杯子的质量。

10 砝码和锤子称重

【题】将 2 000 克重的砂糖分成 10 袋，要求每一袋的质量是 200 克。但是，只有一个 500 克重的砝码和一把 900 克重的锤子，如何利用砝码和锤子称出 10 袋砂糖呢？

【解】将锤子和砝码放在天平两端，然后在放砝码的一端继续放砂糖直到天平平衡，由此可以得出放的砂糖质量就是：900-500=400 克，按照这个方法可以重复称出 5 份 400 克的砂糖。

想要得到 1 袋 200 克的砂糖只需要将 400 克均匀分成两份就可以了，即使没有 200 克的砝码称重也能轻松办到。把 400 克砂糖分别装在两个袋子里放到天平两端，调整两端砂糖量直到天平保持平衡即可。

11 阿基米德的谜题

【题】古代著名数学家阿基米德曾遇到的一个难题，可算是一个最古老的称重问题，下面就给大家讲一讲这个故事。

统治者给工匠一定数量的金银，让他制作一个雕像王冠。王冠制作完成后的质量，和交给工匠的金银质量一样，但是有人向统治者告密，说工匠贪污了一部分金子，并用银子来代替。统治者很生气，把阿基米德叫来让他鉴定王冠里到底有多少金和银。

阿基米德根据金在水中失去自身质量的 $\frac{1}{20}$，银在水中失去自身质量的 $\frac{1}{10}$ 测出了金银的量。

假设王冠是实心的，没有空隙，而且已经知道统治者给了工匠 8 千克金和 2 千克银，阿基米德在水下称得王冠重 9.25 千克，试着根据上面给出的数据，凭借自己的思考，计算一下工匠到底有没有藏金，藏的话，藏了多少。

【解】假设王冠全部都是用金子做的，它在水外的质量应该是 10 千克（8+2=10 千克），而金在水中失去自身质量的 $\frac{1}{20}$，即失去 0.5 千克。但实际皇冠在水中失去的质量是 10–9.25=0.75 千克，因为皇冠里含有银，而银在水中失去的质量是 $\frac{1}{10}$，不能全部按照 $\frac{1}{20}$ 计算。所以银在王冠中所占的数量应该要保证皇冠在水中失去 0.75 千克重，比纯金皇冠的 0.5 千克增加了 0.25 千克。

如果用 1 千克银替代纯金皇冠中的 1 千克金，那么皇冠在水中失去的质量将比原来的金银皇冠增加：$\frac{1}{10} - \frac{1}{20} = \frac{1}{20}$，即 0.05 千克。

因此，为了达到实际增加 0.25 千克，需要替换的银的量应该是 0.25÷0.05=5 千克。所以，制成的王冠里实际上有 5 千克金和 5 千克银，而不是统治者给的 8 千克金和 2 千克银，工匠私藏了 3 千克金，并用银替换。

1 三块表的时间

【题】家里有三块表，1月1日这天它们显示的都是正确的时间，但是除了第一块表无误差之外，第二块表一昼夜慢了1分钟，第三块表一昼夜快了1分钟。如果三块表一直这样走下去，要过多久三块表才能同时显示正确的时间？

【解】需要经过720个昼夜，三块表再次同时显示1月1日的正确时间。这段时间里，第二块表慢了720分钟，第三块表快了720分钟。

2 校准时间的时间

【题】我昨天检查了墙上的挂钟和闹钟，并调准了指针。但是挂钟每小时慢2分钟，闹钟每小时快1分钟。今天挂钟和闹钟的发条停了，挂钟的时间定格在7点，闹钟的时间定格在8点。那么我是昨天几点调的时间呢？

【解】挂钟一小时慢2分钟，闹钟一小时快1分钟，所以闹钟每小时比挂钟快3分钟。发条停住的时候，闹钟比挂钟定格的时间快1小时，快的这一个小时是20小时走出来的时间差，即60分钟÷3分钟/小时=20小时，而且按照闹钟每小时快1分钟的速度，20小时就比正确时间快20分钟。因此，从闹钟定格的8点往前数20小时又20分钟，可以得出是在11点40分的时候调的。

3 奇怪的时间问题

【题】

"去哪里？"

"要赶 6 点的火车。离出发还有几分钟？"

"50 分钟前，超过 3 点的分钟数是剩下的时间的 4 倍。"

这个奇怪问题的答案指的是什么？现在几点了？

【解】题目中有两个时间点，3 点和 6 点，它们之间有 180 分钟。6 点的火车，50 分钟前就是 180-50=130 分钟。这 130 分钟又被 3 点分割成两部分，其中一部分是另外一部分的 4 倍，也就是把 130 分钟分成 5 份，一份是 26 分钟，剩下的四份是 104 分钟，也就是说，现在是差 26 分钟到 6 点，即 5 点 34 分。

那么 50 分钟前距离 6 点的时间是 50+26=76 分钟，从 3 点到这个时间经过了 180-76=104 分钟，与之前说的"时间的 4 倍"一样。

4 指针重合的时间

【题】12 点时，钟表的两个指针会重合，但你是否注意到这并不是两个指针重合的唯一时刻呢？在每天的 24 个小时里，它们会有几次重合的情况出现。请问，你能算出所有指针重合的时间吗？

【解】12 点的时候，时针与分针重合。我们知道，时针走一圈需要 12

小时，分针走一圈需要 1 小时，也就是时针移动的速度是分针的 $\frac{1}{12}$；那么，在接下来的 1 小时内，时针和分针一定不会重合。1 小时后，时针走完 1 圈的 $\frac{1}{12}$，指向数字 1；而分针则走完了一圈，指向数字 12，此时，分针落后时针 $\frac{1}{12}$ 圈。

此时情况出现了变化，时针虽然比分针走得慢，但是现在它却在分针前面，分针需要赶上时针。此时，如果时针和分针竞赛 1 个小时，那么分针在这段时间里会走 1 圈，而时针则会走 $\frac{1}{12}$ 圈，分针多走 $\frac{11}{12}$ 圈。要想正好赶上时针，则分针要多走 $\frac{1}{12}$ 圈，这也是时针和分针 1 小时内相差的距离；此时，分针要走的时间实际上是 1 小时的 $\frac{1}{11}$。

因此，时针和分针经过 $\frac{1}{11}$ 小时，也就是 $\frac{60}{11}$ 分钟重合。

那么下一次重合又会在什么时候呢？

不难算出，再经过 1 小时 $\frac{60}{11}$ 分钟，也就是 $\frac{120}{11}$ 分钟，分针和时针在 2 点 $\frac{120}{11}$ 分重合。再经过 1 小时，也就是 $\frac{180}{11}$ 分钟，分针和时针在 3 点 $\frac{180}{11}$ 分重合。

以此类推可以得出重合的次数总共为 11 次，第 11 次重合在第 1 次重合的 12 个小时后，即 12 点整，这也正是下一轮 11 次重合的开始，后面的重合将继续和前面一样。

所有重合时间如下所示：

第一次重合：1 点 $\frac{60}{11}$ 分；

第二次重合：2 点 $\frac{120}{11}$ 分；

第三次重合：3 点 $\frac{180}{11}$ 分；

第四次重合：4 点 $\frac{240}{11}$ 分；

第五次重合：5 点 $\frac{300}{11}$ 分；

第六次重合：6点$\frac{360}{11}$分；

第七次重合：7点$\frac{420}{11}$分；

第八次重合：8点$\frac{480}{11}$分；

第九次重合：9点$\frac{540}{11}$分；

第十次重合：10点$\frac{600}{11}$分；

第十一次重合：12点。

5 指针指向相反的时间

【题】6点的时候，分针和时针正好指向两个相反的方向。请问，还有其他时间会出现指针指向相反方向的情况吗？

【解】这道题和前一题的解答方法很相似。从12点时针和分钟重合开始，算一下分针超过时针半圈需要多长时间——此时分针和时针的指向正好相反。

由前一道题可知，1小时内分针超过时针$\frac{11}{12}$圈，想要超过时针半圈，所需时间会比1小时少$\frac{\frac{11}{12}}{\frac{1}{2}}$，也即需要走$\frac{6}{11}$小时。也就是12点之后，经过$\frac{6}{11}$小时，也即$\frac{360}{11}$分钟，分针和时针指向相反。看看表上的12点$\frac{360}{11}$分，就会发现确实如此。

那么，时针和分针指向相反的位置只有这一个时间点吗？当然不是。每次指针重合后，再经过$\frac{360}{11}$分钟，指针都会再次处于相反的位置。由前面一题我们已经知道12小时内，分针和时针会重合11次，也就是说12小时内指针指向相反方向的次数也是11次。具体时间如下：

第一次：12 点 $+\frac{360}{11}$ 分 $=12$ 点 $\frac{360}{11}$ 分；

第二次：1 点 $\frac{60}{11}$ 分 $+\frac{360}{11}$ 分 $=1$ 点 $\frac{420}{11}$ 分；

第三次：2 点 $\frac{120}{11}$ 分 $+\frac{360}{11}$ 分 $=2$ 点 $\frac{480}{11}$ 分；

第四次：3 点 $\frac{180}{11}$ 分 $+\frac{360}{11}$ 分 $=3$ 点 $\frac{540}{11}$ 分；

……

剩下的 7 次，我们这里就不再一一计算，而是留给大家自己去计算。

6 指针在"6"两侧的时间

【题】你知道，当表上的两个指针分别位于数字 6 的两侧，且它们与 6 之间的距离一样时，是几点吗？

【解】这道题的解答方法与上一道题一样。假设两指针指向数字 12，然后时针远离，用 x 表示这段距离，分针在这段时间内走动的距离就是 $12x$。如果经过的时间不超过 1 小时，那么为了满足"两个指针分别在数字 6 的两侧，与 6 之间的距离一样"这个条件，需要分针离一圈终点的距离与时针离一圈起点的距离相等，即 $1-12x=x$，$1=13x$，那么 $x=\frac{1}{13}$ 圈。

时针走完 $\frac{1}{13}$ 圈需要 $\frac{12}{13}$ 小时，也就是指示 12 点 $\frac{320}{13}$ 分。分针走过的时间应该是时针的 12 倍，也就是 $\frac{12}{13}$ 圈，两指针距数字 12 的距离一样，则距数字 6 的距离也相同。

我们找到了满足条件的规律——12 点后的第一个小时范围内出现的位置，在第二个小时内满足条件的这样的位置将会再出现一次，再根据前面的公式就可以得出这个时间：$1-(12x-1)=x$ 或者 $2-12x=x$，$2=13x$，$x=\frac{2}{13}$ 圈。

处于这个位置时，指针指示的时间是 1 点 $\frac{660}{13}$ 分。

当指针第三次处于满足条件的位置时，时针与数字 12 的距离是 $\frac{3}{13}$ 圈，也就是 2 点 $\frac{660}{13}$ 分，以此类推。

满足条件的共有 11 个位置，并且 6 点以后时针和分针的位置是互换的，即时针所在的位置是之前分针所在的位置，分针替代了原来时针的位置。

7 关于"12"的时间

【题】表盘上分针超过时针的距离，刚好是时针超过数字 12 的距离，这样的时间一天中会出现几次，还是一次也不出现呢？

【解】如果从 12 点开始观察，1 个小时内找不到满足条件的时间。因为 1 小时内时针走的距离是分针的 $\frac{1}{12}$，所以时针落后分针的距离远远大于满足条件的距离。不管时针与数字 12 之间的距离是多少，时针走动的距离都是这个距离的 $\frac{1}{12}$，而不是题目要求的 $\frac{1}{2}$。

时间过了 1 个小时，现在是 1 点，此时分针指向 12，时针指向 1，时针在分针前 $\frac{1}{12}$ 圈处。那么满足题目要求的时针和分针的位置会在第 2 个小时内出现吗？

假设时针和分针满足题目中的条件，时针所在的位置与数字 12 之间的距离是 x，分针走过的距离是时针的 12 倍，即 $12x$。假如减去一圈，那么剩下的 $12x-1=2x$，可以得出 $10x=1$，$x=\frac{1}{10}$ 圈。因此得到的答案是：经过了 1 小时 12 分钟，时针与数字 12 之间的距离是 $\frac{1}{10}$ 圈。而分针与数字 12 之间的距离是它的两倍，即 $\frac{1}{5}$ 圈，也就是 12 分钟，正好符合题目的要求。

因此我们找到了一个答案，可以顺着上面推断的逻辑试着找出还有几处时针和分针处于这样的位置。

2 点的时候，分针指向 12，时针指向 2，根据上面的推断可以得出：$12x-2=2x$，$10x=2$，$x=\dfrac{1}{5}$ 圈，对应的时间就是 2 时 24 分。

此时，答案已经很明了了，一共有 10 个时刻可以满足题目的要求，即：

1 时 12 分，2 时 24 分，3 时 36 分，4 时 48 分，6 时，

7 时 12 分，8 时 24 分，9 时 36 分，10 时 48 分，12 时。

第一眼看上去，6 时和 12 时这两个答案错误，实际上，6 点的时候，你能看到时针指向 6，分针指向 12，与数字 12 的距离刚好是时针的 2 倍。然而 12 点的时候，时针和分针都与数字 12 重合，距离就是零，零的两倍也是零，也是满足题目要求的。

8 关于 "12" 的相反时间

【题】仔细观察一下手表，你会发现一个问题：时针超过分针的距离和分针超过数字 12 的距离一样，与前面的题目描述的情况正好相反。

请问，这种情况都是什么时间发生的？

【解】有前面的题做铺垫，这道题解答起来并不难。

首先计算出第一次满足条件的时间等式：$12x-1=\dfrac{x}{2}$。由此得出 $1=\dfrac{23x}{2}$，$x=\dfrac{2}{23}$ 圈，也就是说，12 点后又经过了 $\dfrac{24}{23}$ 小时，即在 1 点 $\dfrac{487}{23}$ 分，指针的位置满足题目要求。实际上，分针应该位于 12 和 $\dfrac{24}{23}$ 时之间，即 $\dfrac{12}{23}$ 时的位置，正好是 $\dfrac{1}{23}$ 圈，时针走过 $\dfrac{2}{23}$ 圈。

第二次满足条件的时间等式：$12x-2=\dfrac{x}{2}$。由此得出 $2=\dfrac{23x}{2}$，$x=\dfrac{4}{23}$ 圈，

也就是 2 时 $\frac{120}{23}$ 分。

第三次满足条件的时间是 3 时 $\frac{180}{23}$ 分，以此类推算出其他各次。

9 钟敲响的时间

【题】钟敲响了 3 次，敲的时候经过了 3 秒钟。钟敲响 7 次需要多长时间？

在此先提醒大家，这个问题不似表面看起来那么简单，里面有陷阱。

【解】看完题目后会不由自主地回答 "7 秒"，但是不对。

钟敲响 3 次的时候，其实中间是有两个间隔的，即：第一次和第二次之间；第二次和第三次之间。题目中给出 "敲的时候经过了 3 秒钟"，可以得出两次间隔持续 3 秒钟，也就是每次持续 $\frac{3}{2}$ 秒。

由此可以推出，钟敲响 7 次会出现 6 次间隔，一共就是 $\frac{3}{2} \times 6 = 9$ 秒。所以，钟敲响 7 次需要 9 秒时间。

10 手表的 "嘀嗒" 声

【题】这一章的最后我们做一个小实验。将手表放在距离自己三四步远的桌子上，听手表的嘀嗒声。如果房间非常安静，你能听到手表的嘀嗒声是有停顿的——嘀嗒响一段时间，无声几秒，再响起嘀嗒声……

请问，该如何解释表的这种不均匀走动呢？

【解】听到的手表嘀嗒声的间隔，是因为听觉疲劳，简单地说，就是听觉感觉疲劳休息了几秒钟。正是听觉休息的几秒让我们没有听到嘀嗒声。当经过短暂几秒的休息，疲劳消失，听觉又恢复敏锐，这就让我们又听到手表的嘀嗒声了。

注　释

　　早在钟表出现之前，圭表、日晷、漏壶等在中国已沿用了两三千年。公元前一千年左右的西周初期，发明了最原始的计时器土圭，后来发展为圭表。日晷大约发明于汉代以前，是观测阳光投影方向的计时器。壶漏又称"漏壶"，大约发明于公元前 5 世纪，是用漏水的方法，观测刻箭的昼夜计时器。

1　往返飞行的时间

【题】一架飞机往返 A 市和 B 市，去 B 市时用了 1 小时 20 分，回 A 市用了 80 分钟，为什么？

【解】这是一个小陷阱题，专门为那些粗心大意的读者准备的，掉入这个陷阱的人很多。答案其实超级简单，因为 1 小时 20 分就等于 80 分钟。

特别是那些经常计算的人，因为习惯了十进制计算和货币单位，所以更容易掉入陷阱。当看到"1 小时 20 分"和"80 分钟"时的第一反应就是这两个是不一样的，这道题就是针对这个心理错误设计的。

2　火车的运行速度

【题】当你坐火车的时候，如果你想知道火车的运行速度，是否可以根据车轮的撞击声来判断呢？

【解】坐火车的时候，人们一定能感受到有节奏的碰撞声，没有任何缓冲能阻止这种碰撞。这是车轮轻轻撞击两节铁轨链接位置而产生的，而且传递到了整节车厢。这些碰撞对车厢和铁轨是有害的，我们却可以利用这种碰撞来计算火车的速度。

首先需要数一下在一分钟内会出现几次碰撞，就能知道火车经过了几条铁轨，然后用这个数字乘以车轮的长度，就能得出一分钟内火车行驶的距离。

一般一根铁轨长约 15 米，用数出的一分钟内撞击数乘 15，再乘 60，再除 1 000，即 $\dfrac{\text{碰撞次数} \times 15 \times 60}{1\,000}$，就能得到火车每小时行驶的千米数。

3 两列火车

【题】两列火车同时从两个车站相向出发。两车相遇后 1 小时，第一列火车到达终点；两车相遇后 2 小时 15 分，第二列火车到达终点。如果只用心算，你能求出第一列火车的速度是第二列火车的几倍吗？

【解】读完题目我们可以分析出一个关系式：

$$\frac{\text{第一列火车到达相遇点的路程}}{\text{第二列火车到达相遇点的路程}} = \frac{\text{第一列火车的速度}}{\text{第二列火车的速度}}$$

同时，我们还能知道，相遇后第一列车到达终点的距离就是第二列火车走过的距离，反过来也是一样。换句话说，相遇后第二列火车剩下的路程除以第一列火车剩下的路程，等于第一列火车的速度与第二列火车的速度之比。

假设用 x 表示速度关系，那么就可以得出，从相遇到到达终点，第一列火车所用的时间是第二列火车所用时间的 $\dfrac{1}{x^2}$，得出 $x^2 = \dfrac{9}{4}$，$x = \dfrac{3}{2}$。所以，第一列火车的速度是第二类火车的 1.5 倍。

　　现代交通越来越快速，也越来越便捷，科学家正在设想未来交通的各种重大变革。如 2013 年，SpaceX 公司的创始人埃隆·马斯克首次提出了超回路列车的概念，这种列车平均速度可达 970 千米 / 小时，最高运行速度可达 1 200 千米 / 小时，利用太阳能作为供应能源，环保节能无污染，从洛杉矶至旧金山 500 千米的距离，只需要 35 分钟就可到达。

　　此外，还有太空电梯的设想。与普通电梯类似，不同的是，太空电梯的作用并不是让乘客往返于楼层之间，而是将他们送入距地球约 3.6 万公里的一座空间站。

4 帆船竞赛

　　【题】两艘帆船参加竞赛，需要在短时间内往返行驶 24 千米。第一艘船行驶完全程的平均速度是 20 千米 / 小时；第二艘船去时的速度是 16 千米 / 小时，返回时的速度是 24 千米 / 小时。

　　最后第一艘船获胜。两艘船确实是同时出发的，但是第二艘船去时落后于第一艘船的距离，与返程时领先的距离相等，那么为什么还会落后呢？

　　【解】第二艘船之所以落后，是因为它以 24 千米 / 小时的速度行驶的时间少于以 16 千米 / 小时的速度行驶的时间。以 24 千米 / 小时的速度行驶的时间是 $\frac{24}{24}$，即 1 小时；以 16 千米 / 小时的速度行驶的时间是 $\frac{24}{16}$，即 $\frac{3}{2}$ 小时，虽然它返回时节省了时间，但是去时浪费的时间比节省的时间要长。

5 轮船的逆流与顺流

【题】轮船顺流行驶的速度是 20 千米 / 小时，逆流行驶的速度是 15 千米 / 小时。从恩斯克码头行驶到伊科索格拉码头，去时用的时间比返程时少 5 小时。

请问，你可以算出两个城市之间的距离是多少吗？

【解】从轮船顺流和逆流每小时的行驶速度，可以得出轮船顺流行驶 1 千米需要 3 分钟，逆流行驶 1 千米需要 4 分钟，那么顺流时轮船每行驶 1 千米就节省 1 分钟，因为全程省时 5 小时，也就是 300 分钟，那么两个城市之间的距离就是 300 千米。

可以验证一下，$\dfrac{300}{15} - \dfrac{300}{20} = 20 - 15 = 5$，果然如此。

1 一杯豌豆的长度

【题】豌豆和杯子都很常见，而且几乎每天都会用到杯子，它们的尺寸你一定不陌生。想象一下，装满一杯子豌豆，然后用线将豌豆都穿起来，像一条项链那样。如果把穿豌豆的线拉直，长度大约是多少？

【解】这道题比较难目测出来，还是计算一下吧。豌豆的直径约 0.5 厘米，1 立方厘米的容器内能放不少于 $2 \times 2 \times 2 = 8$ 颗豌豆，如果装得比较密实，还能放得更多。那么，在容量是 250 立方厘米的杯子中，可以放豌豆的数量不少于 $8 \times 250 = 2\ 000$ 颗。将这些豌豆用线穿起来，长度是 $0.5 \times 2\ 000 = 1\ 000$ 厘米，即 10 米。

2 水多还是啤酒多

【题】第一个瓶子里有 1 升啤酒，第二个瓶子里有 1 升水。从第一个瓶子往第二个瓶子里倒 1 匙啤酒，然后再从第二个瓶子往第一个瓶子里倒 1 匙水酒混合液体。

比较一下，是第一个瓶子里的水更多还是第二个瓶子里的啤酒更多？

【解】解题的时候有一个关键点要注意到——来回倒过两次之后，瓶子里的液体的体积是不变的，否则很容易弄错。假设在互倒后第二个瓶子里有 n 立方厘米啤酒，也就是 $1\ 000-n$ 立方厘米水。那么少的 n 立方厘米的水去哪里了？显然，应该在第一个瓶子里。也就是说，两次倒完后，水里面的啤酒和啤酒里面的水一样多。

3 别出心裁的赌色子

【题】如图 43 所示，有一个正方体色子，六个面上分别标着 1~6 个圆点。彼得打赌，掷 4 次色子里面一定有一次掷出的结果是 1 点。费拉基米尔认为，投掷 4 次的结果中，1 点要么不出现，要么就出现两次或两次以上。请问，两个人谁会赢？

图 43

【解】投掷 4 次可能出现的结果有 6×6×6×6=1 296 种。假设第 1 次投掷完，掷出的是 1 点。如果彼得想赢，那么剩下的 3 次投掷都不能再掷出 1 点，所有可能的结果共计 5×5×5=125 种。如果掷的 1 点出现在第 2 次或者第 3 次或者第 4 次，彼得可能会赢的投掷结果共计也是 125 种。

所以，在 4 次投掷中 1 点只出现 1 次的所有可能共计 125+125+125+125=500 种。彼得大概会输的所有可能结果共计 1 296-500=796 种。

由此也就看出来，费拉基米尔赢的可能性比彼得高，是 796 对 500。

4 多样的法国锁

【题】法国锁早在 1865 年就已闻名于世，但是很少有人知道它的结构。因此常听说，有人认为可能存在很多不同样式的法国锁和与其匹配的钥匙。只要了解了法国锁的精妙结构，就能搞懂它多样化的可能性。

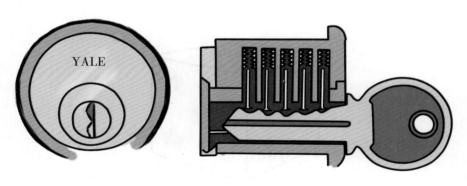

图 44

图 44 中，左侧是法国锁正面的样子。这里顺便说一下，为什么这些锁和钥匙上面都有 "YALE" 这个标识。因为所谓的法国锁的故乡是美国，它的发明者是美国人雅勒，所以有 "YALE" 的标识。

继续看图，你能发现锁孔的周围有一个不大的圆圈，这是锁的中轴所穿过的部分，开锁就是要转动这个轴，这也是开锁的难点。因为这个轴被五个短的钢制轴心固定在一个位置，见图 44 右侧。每一个轴心都被分成了两部分，只有当轴心的切口与中轴吻合，中轴才会转动。

只有用正确的钥匙插入锁孔，轴心才能处于正确的位置，转动钥匙时轴心才可能处于将锁打开的唯一位置。

现在可以确定，能用多少种方法将轴心分成两部分就有多少种法国锁，虽然方法不是无穷无尽的，但确实有很多种。

试着计算一下，如果只用 10 种方法将轴心分成两部分，能做出多少个法国锁？

【解】可以制成不同锁的种类是 $10 \times 10 \times 10 \times 10 \times 10 = 100\ 000$ 个，即 10 万个，每一个锁都有与其相配的唯一能打开锁的钥匙。如果有 10 个不同的锁和钥匙，那锁的主人相当安全，因为捡到钥匙的人，开锁进房间的可能性只有十万分之一。

我们的计算结果只是建立在"每个轴心被分成两部分的方法只有 10 种"这个基础上，实际上方法远超过 10 种，那么不同的锁的总数也远超 10 万个。这就是法国锁相对于普通锁的优势，而普通锁每 12 个就可能出现一两个一样的。

5 拼接肖像的谜题

【题】在一张纸上画两个人物肖像，如图 45 所示，然后剪成 9 条。再准备几张画着脸上不同部位的纸条，但是要求相邻的两个纸条，就算来自不同的肖像，也可以很好地拼成一张完整的人脸。如果你为脸上的不同部位分别准备了 4 张纸条①，一共有 36 张纸条，将其中 9 个拼在一起可以组成不同的肖像。

图 45

在商店里能买到类似的画好的纸条或长方体（如图 46）来拼接肖像，售货员会告诉你用 36 个纸条能组成上千种不同的肖像，你觉得对吗？

图 46

【解】确实可以拼成一千多种肖像，可以用下面的方法计算。

先给 9 个部分标上Ⅰ、Ⅱ、Ⅲ、Ⅳ、Ⅴ、Ⅵ、Ⅶ、Ⅷ、Ⅸ，每个部分的 4 张纸条标上 1、2、3、4。

第Ⅰ部分的 4 张纸条可以表示为Ⅰ，1；Ⅰ，2；Ⅰ，3；Ⅰ，4。拿纸条Ⅰ，1，可以将它们与Ⅱ组合成Ⅱ, 1; Ⅱ, 2; Ⅱ, 3; Ⅱ, 4, 就得到4种组合。那么Ⅰ, 2; Ⅰ, 3; Ⅰ, 4与Ⅱ部分搭配的组合分别有4个, 那么一共就有4×4=16种。

这16种搭配中的每一种都有4种方法与Ⅲ (Ⅲ, 1; Ⅲ, 2; Ⅲ, 3; Ⅲ, 4) 搭配, 于是前三部分的搭配就有16×4=64种。

以此类推, Ⅰ、Ⅱ、Ⅲ、Ⅳ的搭配方法一共有64×4=256种; Ⅰ、Ⅱ、Ⅲ、Ⅳ、Ⅴ的搭配方法一共有256×4=1 024种; Ⅰ、Ⅱ、Ⅲ、Ⅳ、Ⅴ、Ⅵ的搭配方法一共有1 024×4=4 096种, 等等。最后, 所有9部分搭配在一起组成肖像的方法一共有4×4×4×4×4×4×4×4×4=262 144种。可见, 用纸条组成的肖像数远不止上千, 而是超过二十万。

在莫诺马赫的《训诫》中, 他对世人的脸庞都是独一无二的这点感到惊奇, 这道题恰好给出了解释。我们已经验证过, 如果一个人的脸是由9部分的特征来区分, 每个部分有4种类型, 那么会有超过二十万张不同的脸。实际上, 人的脸部特征多于9部分, 每部分也不止4种类型。假设脸上有20个特征, 每个特征有10种类型, 那么就会出现10×10×10×……×10 (20个10相乘), 即10^{20}种。

这个数量比地球上的人口数量还要多很多。

①将它们贴在一个长方体的四面更方便拼图。

6 | 树叶包围城市

【题】从古老的椴树上揪下所有的树叶, 并将它们无缝隙地摆成一排。请问, 这样一排叶子的长度能不能包围一栋大房子?

【解】这样一排叶子大约有12千米长, 不只是一栋房子, 就是一座小城市也能包围起来。

假设这棵老树上有 25 万片叶子，事实上不少于 20 万~30 万。每片叶子宽 5 厘米，所有叶子排成一排的长度就是 1 250 000 厘米，即 12.5 千米。

7 100 万步有多长

【题】你应该能估算出自己一步的长度，也一定知道 100 万是多少，那么回答这道题就不难了。请问，100 万步能走多远？比 10 千米长还是短？

【解】走 100 万步的距离不仅比 10 千米长，甚至比 100 千米还要长。如果一步的长度是 $\frac{3}{4}$ 米，那么 100 万步的长度就是 750 千米。从莫斯科到圣彼得堡的距离是 640 千米，如果你从莫斯科走 100 万步，走到的终点比到圣彼得堡还远[①]。

①如果以中国的地点来看，100 万步，走出的距离要超过从北京到郑州的距离了，北京站到郑州东站的距离为 693 千米。

8 小立方体的高度

【题】在学校里老师提了一个问题：用体积为 1 立方毫米的小立方体，组成一个体积为 1 立方米的大立方体，如果将所有的小立方体垒成一个柱子，会有多高？

一个学生大声回答："比埃菲尔铁塔（高 300 米）还高。"

"比勃朗峰^①（高 5 000 米）还高。"另一个同学回答。

这两个人谁错得更离谱？

【解】这两位同学的答案都不对，因为柱子比世界上最高的山还高 100 倍。

1 立方米 =1 000 毫米 ×1 000 毫米 ×1 000 毫米，也就是 10 亿立方毫米。将它们一个叠一个地垒起来，组成的柱子高度就是 1 000 000 000 毫米，也就是 1 000 000 米，即 1 000 千米。

注　释

　　①勃朗峰，又译为白朗峰，是阿尔卑斯山的最高峰，位于法国和意大利交界处。勃朗峰的最新高度为海拔 4 810 米，它是西欧的最高峰。

9 谁数得更多

【题】两个人花了 2 个小时，数他们面前人行横道上走过的行人数量。其中一个人是站在家门口数的，另外一个人是在人行横道上来回走着数。谁数的更多？

【解】两个人数的人数一样多。虽然站在家门口的人数到的是两个方向的行人，但是来回走着数的那个人会看到行人两次。

1 老师与学生的诉讼

【题】下面讲一个发生在古希腊的故事。普罗泰戈拉是一位教授智慧学的老师，也是一位诡辩家，收了年轻的欧提勒士当学生，传授他法庭辩论术。师生二人订了一份合同，欧提勒士打赢第一场官司之后再付给老师学费。

普罗泰戈拉等着收学费，但是欧提勒士学完全部课程后，却并不着急去打官司，这可怎么办呢？为了追讨学费，普罗泰戈拉就把欧提勒士告上了法庭。普罗泰戈拉想的是：如果他作为原告打赢了官司，法官会判学生付钱给他；如果他输了官司，那么他的学生作为被告就赢了，按照之前二人签订的合同，学生应该在打赢第一场官司后付给他学费。

但是得到了老师真传的欧提勒士却认为老师的官司是绝对打不赢的，他的逻辑是这样的：如果他输了官司被判付钱，那么按照师生二人签订的合同，他是不用付给老师学费的；如果他赢了官司，按照法院判决他也不必付给老师钱了。

审判当天法官为难了，经过冥思苦想后，终于想出了破解之道，做出了判决，在不破坏师生二人签订的合同的前提下，让普罗泰戈拉拿到了欧提勒士的学费。

你知道法官是怎么做到的吗？

【解】法官是这样判决的：让老师放弃起诉，但是给了老师第二次提起诉讼的权利，因为他的学生在第一次诉讼中赢得了胜利。第二场官司，法官毫无疑问地判定了老师赢。

2 古老的遗产难题

【题】这也是一道古老的题目，古罗马时期的律师们总爱互相出这个难题。

一个寡妇要和即将出世的孩子分配丈夫留下的遗产——3 500 元。古罗马的法律有规定：如果生的是儿子，母亲可以分得儿子份额一半的遗产；如果生的是女儿，母亲就能分得女儿两倍的遗产。

那么，如果寡妇生了一对龙凤胎，也就是一个儿子和一个女儿，按照法律规定该如何分配遗产呢？

【解】既能实现立遗嘱人的遗愿又能符合法律规定，应该这样分：寡妇分到 1 000 元，儿子分到 2 000 元，女儿分到 500 元。寡妇分到的钱数是儿子的一半，也是女儿的两倍。

世界文化遗产是文化的保护与传承的最高等级，其中埃及的金字塔、法洛斯灯塔、亚历山卓港，希腊的宙斯神像、阿提密斯神殿、罗得斯岛巨像，中国的万里长城、兵马俑，巴比伦的空中花园，土耳其的毛索洛斯墓庙是著名的世界十大文化遗产，也是最具代表性的古代十大遗产。

3 平分牛奶的谜题

【题】一个罐子里装着 4 升牛奶，平分给两个人。但是只有容积 2.5 升和容积 1.5 升的两个空罐子。如何只借助这三个罐子平分 4 升牛奶呢？当然，一定需要把牛奶在这三个罐子之间倒来倒去，应该怎么倒呢？

【解】需要在三个罐子之间来回倒 7 次，具体倒法见下表：

	4 升罐子	1.5 升罐子	2.5 升罐子
第 1 次倒	1.5	#	2.5
第 2 次倒	1.5	1.5	1
第 3 次倒	3	#	1
第 4 次倒	3	1	#
第 5 次倒	0.5	1	2.5
第 6 次倒	0.5	1.5	2
第 7 次倒	2	#	2

4 安排住宿的谜题

【题】宾馆里一下子来了 11 位客人，都要住单间，可是宾馆现在只剩下 10 个空房间，但是所有的客人都不让步。宾馆的值班员非常苦恼，把 11 位客人单人单间地安排到 10 个房间，这明显是不可能的。经过冥思苦想，宾馆值班员终于想到了一个妙招，完美地解决了这个问题，让所有人都满意地住下了。

他是这样安排的。他先把第 1 位客人安排入住 1 号房间，并请他暂时让第 11 位客人留在房间待 5 分钟，等这两位客人安排好后，剩下的客人做了如下安排：

第 3 位客人安排在 2 号房间；

第 4 位客人安排在 3 号房间；

第 5 位客人安排在 4 号房间；

第 6 位客人安排在 5 号房间；

第 7 位客人安排在 6 号房间；

第 8 位客人安排在 7 号房间；

第 9 位客人安排在 8 号房间；

第 10 位客人安排在 9 号房间。

最后只剩下 10 号房间是空着的，只需要把暂时待在 1 号房间的第 11 位客人安排在这个房间入住就可以了。这样的安排让所有客人都非常满意，同时也让读者们感到意外。

这个妙招的秘密究竟在哪里呢？

【解】你再数一数，就会发现第 2 位客人被安排到哪里去了呢？实际上，宾馆值班员并没有把第 2 位客人送到房间里，这也是他看似成功地解决了这个问题的"妙招"所在。值班员在安排完第 1 位和第 11 位客人后，直接去安排了第 3 位客人，把第 2 位客人给忘记了。

5 蜡烛烧了多久

【题】屋里的灯突然灭了，是保险丝断了。我拿出两根备用蜡烛放在桌上，保险丝没修好之前，我只好借着烛光工作了。

第二天，我想知道自己在烛光下工作了多长时间。但是我没注意断电的时间，也不知道几点来的电，更不知道蜡烛原来的长度。我只记得两根蜡烛都是第一次用，虽然粗细不同但是长度一样，其中粗的那根全部烧完需要 5 个小时，细的那根需要 4 个小时。烧剩下的蜡头被家里人扔了，也找不到了。

"蜡烛头就剩一点点了，那么小没必要留着了。"家里人解释说。

"那你还记得蜡烛头有多长吗？"

"不一样长，我记得其中一个是另外一个的 4 倍。"

我就知道这些信息了，只能利用这些来计算蜡烛燃烧的时间。

如果是你的话，要怎么解答这个题呢？

【解】可以列一个简单的方程式来解决这道题。

设蜡烛燃烧 x 个小时，粗蜡烛每小时燃烧的长度是 $\frac{1}{5}$，细蜡烛每小时燃烧的长度是 $\frac{1}{4}$。已知，粗蜡烛头长 $1-\frac{x}{5}$，细蜡烛头长 $1-\frac{x}{4}$。又因为两根蜡烛原来的长度一样，剩下的细蜡烛头长度的 4 倍等于粗蜡烛头的长度，即 $4\left(1-\frac{x}{4}\right)=1-\frac{x}{5}$。

解方程式，可以得出 $x=3\frac{3}{4}$ 小时，也就是说，蜡烛燃烧了 3 小时 45 分，我也在烛光下工作了这么长时间。

6 三名侦察兵要过河

【题】有一次，三名侦察兵步行来到一条河边，他们要去河对岸，但是河上没有桥，他们又都不会游泳。正好有两个小男孩在河上划船，他们愿意帮助三名侦察兵过河。但是船太小了，只能承载一名侦察兵的重量，一名侦察兵和一个小男孩一起上船都不行，否则就有沉船的风险。

看来只能侦察兵自己划船过河了，这样就不能把船再还给对岸的孩子了。但最后三名侦察兵不仅顺利过了河，还把小船还给了两个小男孩。

他们是怎么做到的呢？

【解】必须要按照下面的方法运送 6 次才行。

第 1 次：两个小男孩先划到对岸，留下一个小男孩，另外一个再划船回到侦察兵所在的岸边。

第 2 次：划船的小男孩留在岸上，第一名士兵上船划到对岸，之前留在岸上的小男孩划船返回。

第 3 次:两个小男孩一起划船到对岸,其中一人再划船返回。

第 4 次:第二名侦察兵划船到对岸,一个小男孩划船返回。

第 5 次:同第 3 次。

第 6 次:第三名侦察兵划船到对岸后把船交给小男孩,小男孩划回去。

这样,三名侦察兵都到了河对岸,两个小男孩也能继续在河上划船了。

7 几个儿子几头牛

【题】一个农户主要把他的一群牛均分给儿子们。分给大儿子 1 头牛和牛群余数的 $\frac{1}{7}$,分给二儿子 2 头牛和牛群余数的 $\frac{1}{7}$,分给三儿子 3 头牛和牛群余数的 $\frac{1}{7}$,分给四儿子 4 头牛和牛群余数的 $\frac{1}{7}$。以此类推,他把所有牛都分给了儿子们。

这也是一道古老而有趣的题目,请问,他有几个儿子,有多少头牛?

【解】不用方程的方法,用倒序计算解决这道题。

小儿子分到的牛的数,同其他所有儿子得到的牛的数一样多。但是他不可能得到牛群余数的 $\frac{1}{7}$,因为他得到牛之后就没有余数可分了。

倒数第二个儿子分到的牛的数,是其他所有儿子分到的牛的数减去 1,再加上牛群余数的 $\frac{1}{7}$。由此可知,小儿子分到的牛的数就是此时牛群余数的 $\frac{6}{7}$,所以小儿子得到的牛数应该能被 6 除尽。

假设小儿子分到 6 头牛,再验证这个假设是否成立。

如果小儿子分到 6 头牛,那么所有儿子都分到 6 头牛。五儿子分到 5 头牛再加上余下 7 头的 $\frac{1}{7}$,也就是 1 头牛,一共也是 6 头牛。最小的两个儿子分得的牛的总数是 12 头，这也是四儿子分牛时牛群总数的 $\frac{6}{7}$。那么给四儿子分完牛后，牛群余数就是 $12 \div \frac{6}{7} = 14$ 头。因此，四儿子分到的牛数就是 $4 + \frac{14}{7} = 6$，也是 6 头。

给三个儿子分完了牛，就可以算出牛群的余数是：6+6+6=18 头，这个数也是给三个儿子分牛后余数的 $\frac{6}{7}$，由此可以得到余数的总和是 $18 \div \frac{6}{7} = 21$ 头。三儿子分到的牛数就是 $3 + \frac{21}{7} = 6$，也是 6 头。

以此类推，可以算出二儿子和大儿子分到的牛也是 6 头。因此证实之前的假设是正确的，一共有 6 个儿子和 36 头牛。

只有这一个答案吗？假设不是 6 个儿子，是 12 个儿子或 18 个儿子，看起来这个假设不对。再大的数目就没有必要去试了，因为普通人有 24 个或更多儿子的可能性比较小。

8 数 100 万个小方格

【题】阿廖沙第一次听说 1 平方米内包含 100 万个 1 平方毫米时，不相信这是真的。"怎么会有这么大的数啊？"他吃惊地说。"我正好有一块边长 1 米的正方形纸，难道这个方纸中会有 100 万个小方块吗？我可不相信！"

"你可以数一数啊。"有人说。

阿廖沙决定把所有的小方块一个个地数出来。他从早上起床就开始数，阿廖沙很认真，每数出一个小方块就用一个点标出来。

他数得挺快，一秒钟就能标记出一个 1 平方毫米的方块。你们觉得阿廖沙一刻不停地数，一天内能证明 1 平方米内有 100 万个 1 平方毫米吗？

【解】一天内阿廖沙无论如何都不能成功。就算他一天片刻不停地数小方格，一昼夜也只能数出 86 400 个，因为他一秒数一个，一昼夜 24 小时有

86 400 秒。他要连续不停地数 12 个昼夜才能数完 100 万个小方格。

9 100 个坚果与 25 个奇数

【题】100 个坚果要分给 25 个人，每个人分到的坚果不能是偶数，你能做到吗？

【解】很多人一开始就找可能的所有组合实验，但是他们的努力注定白费。你只要仔细想想，就能明白这道题是没有答案的。

如果 25 个奇数相加能得 100 的话，那么就是奇数个奇数相加得到一个偶数——100，这是不可能的。

我们可以列出 12 组偶数和 1 个奇数，每一组偶数相加都能得到一个偶数，12 个偶数相加的和必然也是一个偶数。再将这个和加上 1 个奇数，结果一定是奇数。所以 100 是不可能分成 25 个奇数的。

10 粥钱要怎么分

【题】两个好朋友煮粥，其中一个往锅里放了 300 克米，另一个往锅里放了 200 克米。粥煮好了，两个人正准备吃，一位邻居过来跟他们一起吃。邻居留下了 50 戈比作为粥钱。

请问，两个朋友要怎么分这些粥钱呢？

【解】大多数人都觉得应该这样分：放 200 克米的人分 20 戈比，放 300 克米的人分 30 戈比。但是这样分是错误的。应该这样分：把 50 戈比分 10 戈比给加 200 米的人，分 40 戈比给加 300 克米的人。

这样推理:邻居留下的 50 戈比是支付自己一个人吃的那份粥的,但是粥是 3 个人一起吃的,所以 500 克粥的价值就是 50×3=150 戈比,即 1 卢布 50 戈比,因此 100 克粥的价值就是 150÷5=30 戈比。这样就得出,放 200 克米的人相当于拿出了 30×2=60 戈比,邻居吃掉了 50 戈比的粥,所以他应该分到的钱是 60-50=10 戈比。

而放 300 克米的人,相当于拿出了 30×3=90 戈比,邻居吃掉了 50 戈比的粥,所以他应该分到的钱是 90-50=40 戈比。

11 分苹果的谜题

【题】12 名少先队员平分 9 个苹果,要保证所分的每个苹果最多被切成 4 份,请问该怎么分。这道题看上去很难解决,但是利用分数就能轻松解决。

解决了上面的问题,类似的问题就都能轻松解答出来了,如把 7 个苹果平分给 12 个小朋友,每个苹果最多分 4 份,苹果又该怎么分?

【解】12 名少先队员平分 9 个苹果,而且每个苹果最多分 4 份,完全是可以做到的。

按照下面的方法分:

把其中 6 个苹果平均分成两半,会得到 12 个 $\frac{1}{2}$ 个的苹果。再把剩下的 3 个苹果分成 4 份,得到 12 个 $\frac{1}{4}$ 个的苹果。然后给 12 个少先队员每人一个 $\frac{1}{2}$ 个的苹果和一个 $\frac{1}{4}$ 个的苹果,那么每个人就得到 $\frac{1}{2}+\frac{1}{4}=\frac{3}{4}$ 个苹果,这也符合 $9÷12=\frac{3}{4}$ 的要求。

用类似的方法可以把 7 个苹果分给 12 个小朋友,而且保证每一个苹果都分成 4 份。我们先把 3 个苹果每个分成 4 份,就得到 12 个 $\frac{1}{4}$;再把 4 个苹果每个分成 3 份，就得到 12 个 $\frac{1}{3}$，因此每个人都能分到一个 $\frac{1}{4}$ 个苹果和一个 $\frac{1}{3}$ 个苹果，也就是每个人能分到 $\frac{1}{4}+\frac{1}{3}=\frac{7}{12}$ 个苹果。

小贴士

　　苹果最辉煌的一刻可能就是砸在了牛顿头上，砸出了一个"万有引力"。万有引力定律是所有科学中最实用的概念，哪怕天文观测中也是必不可少的。通过万有引力，可以只凭少数观测资料，就计算出长周期运行的天体运动轨道，科学史上哈雷彗星、海王星、冥王星的发现，都是利用万有引力定律取得重大成就的例子。

12 又是分苹果的难题

　　【题】有一天，有 6 个小朋友来看米沙，米沙的爸爸请这几位小朋友吃苹果。但是只有 5 个苹果了，他想让每个小朋友都能吃到苹果，不想让任何一个小朋友难堪，要怎么办呢? 肯定要把苹果切开，但是又不能切太小，所以米沙的爸爸决定把一个苹果最多切成 3 份。

　　问题就是: 6 个小朋友平分 5 个苹果，每个苹果最多被切成 3 份，米沙的爸爸要怎么做呢?

　　【解】按照这种方法分苹果: 先把 3 个苹果每个切成两半，就得到 6 个 $\frac{1}{2}$ 个苹果，把这些分给小朋友们吃。再把剩下的两个苹果，每个切成 3 份，就得到了 6 个 $\frac{1}{3}$ 的苹果，也可以分给每个小朋友一人一份。

　　最后每个小朋友能分到一个 $\frac{1}{2}$ 个苹果和一个 $\frac{1}{3}$ 个的苹果，这样每个小朋友都分到了一样多的苹果而且每个苹果都没有被切成超过 3 份。

13 有几种坐法

【题】主人邀请了三对夫妇来吃饭，主人夫妇和客人夫妇围桌就座，想让男女相间而又不使任何一个丈夫坐到自己妻子身边。

问：如果只关注各人座位的顺序，而不把同样顺序但坐在不同地方的方法计算在内的话，这样的坐法有几种？

【解】让丈夫坐好，把他们的妻子分别安排在旁边的坐法有 6 种。因为只考虑位置的顺序，所以不是 24 种。现在，让每个丈夫都留在自己原位，把第 1 位妻子换到第 2 位的位置上，把第 2 位妻子换到第 3 位的位置上……直到把第 4 位妻子换到第 1 位的位置上。这样的坐法是符合题目的要求的，即使丈夫不坐在自己妻子旁边，这种坐法也有 6 种。其中每一种又都能让妻子继续向前移动一个位置，又能得到 6 种坐法。但是妻子再想调换位置就不可能了，要不然妻子们就该和自己的丈夫坐在一起了，只不过是左右换个方向而已。

因此，各种可能的就座方案一共有 12 种。下面用罗马数字 I 到 IV 代表丈夫，用阿拉伯数字 1 到 4 代表妻子，按照下面表中排列就一目了然了。

前 6 种就座方法：

I 4	II 1	III 2	IV 3
I 3	II 4	III 1	IV 2
I 2	III 1	IV 3	II 4
I 4	III 2	IV 1	II 3
I 3	IV 1	II 4	III 2
I 2	IV 3	II 1	III 4

后面 6 种就座方法一样，只不过是男女左右位置换一下。

第十一章 《格列佛游记》中的谜题

《格列佛游记》中那些描写格列佛在小人国和大人国的冒险经历，格外让人印象深刻。在小人国，所有东西包括人、动物、植物等的高度、宽度和厚度，都是我们的 $\frac{1}{12}$，而在大人国刚好相反，他们的尺寸是我们的 12 倍。为什么格列佛偏偏要选择 12 这个数字呢，如果我们知道在英国的单位体制中，英尺和英寸的比正好是 12，就很好理解了，因为《格列佛游记》的作者正好是英国人。

看起来 $\frac{1}{12}$、12 倍缩小和放大的程度并不是很大，但是在大人国和小人国里的自然环境和生活环境，和我们熟悉的环境有着天壤之别。这些差别让人非常吃惊，同时也是我们获得一些复杂难题的素材库，下面就向读者提出 10 个类似的难题。

1 格列佛的"巨量"食物

【题】我们在《格列佛游记》中可以读到，小人们给格列佛定下的食物标准是"每天可以得到足以维持我国 1 728 名国民生活的肉类和饮料"。

格列佛在书中还提到："有 300 位厨师为我做饭，他们带着家人住在我房子附近舒适的小茅屋里。吃饭的时候，我就用手拿起 20 名服务员放在桌子上为我服务，地面上还有 100 名服务员忙碌着，他们有的捧着一盘盘肉，有的肩膀上扛着一桶桶葡萄酒。如果我要吃东西，站在桌子上的服务员就会利用绳子和滑轮把食物拉到桌子上。"

格列佛的身高也不过是小人们的 12 倍而已，小人们依据什么给格列佛定了这么一大份食物呢？而且他一个人吃饭为什么需要这么多人服务？从格列佛和小人们的身高差距来看，这份食物够格列佛吃吗？

【解】格列佛的食物确实需要那么多。别忘了，小人国的人的外形和普通人一样，虽然比正常人小，但是身体各部位的比例是一样的。因此小人们的身高、宽窄、厚薄都是我们的 $\frac{1}{12}$，从体积上看，他们的身体就应该是格列佛的 $\frac{1}{1\,728}$。所以，要养活格列佛这样的"巨人"肯定要给更多的食物。这也是小人们计算出要给格列佛"足以维持我国 1 728 名国民生活"的食物的原因。

现在我们也能明白格列佛为什么需要上百位厨师了。如果一个小人厨师做出的饭够 6 个小人吃，显然需要 300 位厨师才能做出足够 1 728 个小人吃的饭。小人们把食物送到像格列佛一样高的桌子上，相当于送到三层楼房那么高的位置，确实需要很多人手才能办到。

2　四层床垫的硬床铺

【题】如果你在读《格列佛游记》，会读到描述小人们为巨人客人铺床的情景的文字：

"他们用车将 600 张普通尺寸的褥子运到我住的卧室，然后裁缝们在卧室里开始工作了。他们把每 150 条褥子缝在一起，给我做成一条长宽都适合我的床垫。其余的也按照这个标准缝好，铺上四层，但我仍然感觉睡这种床垫跟睡地板并无差别——一样硬。"

为什么格列佛睡四层床垫还觉得硬呢？

文中给出的数值都合理吗？

【解】文中给出的数值完全正确。小人们的身高是我们的 $\frac{1}{12}$，因此按比例床也是我们的 $\frac{1}{12}$，床面积就是我们床面积的 $\frac{1}{144}$，对格列佛来说，144 个小人国的褥子就可以了。小人国褥子的厚度也是我们褥子厚度的 $\frac{1}{12}$，即使这样的四个褥子叠在一起也只能达到我们褥子厚度的 $\frac{1}{3}$，构不成一个"软床垫"。这下，我们就能理解格列佛的感受了。

3 格列佛的"巨"船

【题】格列佛坐船离开了小人国，而船是在海边偶然发现的，这艘船对小人们来说巨大无比，比他们舰队中的任何一艘都要大。

如果这艘船的载质量是 300 千克，那么你能算出这艘船的排水量①是小人国船的多少吨吗？

【解】从题目中可以知道，格列佛的船的载重是 300 千克，那么船的排水量就是 1/3 吨，而一立方米的水重 1 吨，所以船排出了 $\frac{1}{3}$ 立方米的水。

但是，小人国的所有尺寸都是我们的 $\frac{1}{12}$，所以立方的尺寸就是我们的 $\frac{1}{12^3}$，即 $\frac{1}{1728}$。由此可以算出，我们的 $\frac{1}{3}$ 立方米大约是 575 个小人国的立方米，所以格列佛的船的排水量，对于小人国的船来说大约是 575 吨，毕竟 300 千克是假设的排水量。

现在的时代，各大洋上行驶的万吨级轮船早已司空见惯，反而是 575 吨的船难得一见。然而在 18 世纪初，作者写《格列佛游记》的时代，五六百吨的船都是破纪录的了。

注　释

①船的排水量，指船满载货物时的最大重量，且包括船自身重量。

4 小人国的大酒桶和水桶

【题】格列佛在小人国的经历中写道："吃饱了之后，我用手示意想要喝水，他们非常迅速地吊起了一个大酒桶，然后滚到我手边，我打开桶盖一口气喝完。又要了一桶，我又一口气喝完，再要的时候他们却无法供应了。"

书中其他地方格列佛还提到小人国使用的水桶"只有顶针箍那么大"。这样大小的酒桶和水桶真的存在于这个所有东西的尺寸都是我们正常尺寸的 $\frac{1}{12}$ 的国家里吗？

【解】如果小人国使用的大酒桶、水桶和我们用的是一样形状的话，那么不仅是高度，酒桶和水桶的宽度和长度都应该是我们的 $\frac{1}{12}$，因此他们使用的酒桶和水桶的体积就是我们的 $\frac{1}{1728}$。

已知我们的水桶可以装 60 杯水，那么小人国的水桶就只能装 $\frac{60}{1728}$，即 $\frac{1}{30}$ 杯水，大概只有一茶匙那么多。这样看来，小人国的水桶确实比一个顶针箍大不了多少。

如果小人国的一个大酒桶体积相当于 10 个水桶，那么一个大酒桶也不过能装半杯水的量而已，格列佛喝完两酒桶水还不解渴，也不足为奇了。

5 格列佛与 1 500 匹马

【题】格列佛在小人国的时候讲道："他们派了 1 500 匹最大的马来把我运进首都（图 47）。"就算我们知道格列佛和小人国的马之间的大小比例，也会觉得用一千多匹马把他运走也实在太多了点吧？

格列佛还说："我走的时候，很轻松地就把小人国的母牛啊、公牛啊、羊啊装到口袋里带走了。"你觉得这可能吗？

【解】在本章第 1 节《格列佛的"巨量"食物》中已经计算出，格列佛的体积是小人国人体积的 1 728 倍，当然他的重量也是小人国的人的 1 728

倍。小人国的人运送格列佛就像运送 1 728 个自己人一样困难。从这一点我们就能理解为什么需要那么多匹马来运送格列佛了。

图 47

那么，小人国中动物的体积是我们世界动物体积的 $\frac{1}{1728}$，重量也是 $\frac{1}{1728}$。我们的一头母牛一般高 1.5 米，重 400 千克，按照比例换算下就能知道，小人国的一头母牛大约高 12 厘米，重 $\frac{400}{1728}$ 千克，还不到 $\frac{1}{4}$（即 0.25）千克。显然，我们的口袋装一只这样袖珍的牛完全没问题。

"小人国最大的马和公牛也不过高四五英寸，绵羊高大约一英寸半，"格列佛肯定地说，"鹅只有我们麻雀那么大……小人国的一些小动物小到我都看不见。有一次，我看见一位厨师在处理一只云雀的内脏，那云雀就像我们的苍蝇那么大。还有一次，一个姑娘在我面前穿针引线，但是我根本看不见那根针和那条线。"

6 格列佛的衣服与 300 个裁缝

【题】小人国授命 300 名裁缝，按照当地的服装样式为格列佛缝制一件外套（图 48）。

格列佛的身高不过是小人们身高的 12 倍，需要一支裁缝军队为他缝一件外套吗？

图 48

【解】缝一件外套需要参考的是身体的表面积，格列佛身体的表面积是小人身体表面积的 12 × 12=144 倍。假设小人身体表面的每一平方英寸都对应格列佛身体表面的每一平方英尺，而 1 平方英尺就等于 144 平方英寸。这样的话，给 144 个小人做外套的布料才能给格列佛一个人做一件外套，相应地也需要花费做 144 件外套的时间。

如果一个裁缝做一件外套需要两天时间，那么为了在一天内缝完 144 件外套——也就是给格列佛缝制一件外套——确实就需要 300 个裁缝了。

7 巨人国的苹果和坚果

【题】《格列佛巨人国游记》中写道："有一次，王宫的矮子带我们到花园里游玩。我刚好走到一棵苹果树下的时候，矮子看准时机摇晃起树来，在我头顶上，像酒桶那么硕大的苹果噼里啪啦地掉了下来（图 49），然后我被一个苹果砸中背部，趴倒在地……"

"还有一次，一个调皮的中学生朝我扔了一个坚果，幸好没有打到我，他扔得那么用力，我要是被打到一定会头骨碎裂，因为那个坚果有我们的南瓜那么大。"

你觉得巨人国里的苹果和坚果会有多重呢？

【解】我们周围的一个普通苹果一般重 100 克，而巨人国里所有的东西都是我们的 1 728 倍，按照这个比例一算，巨人国的苹果一个就会重达 173 千克。如果有人被这样的苹果掉下来的时候砸到，恐怕难逃一死，而格列佛却安然无恙，有些言过其实了。

如果把我们常见的核桃重量计为 2 克，那么巨人国的核桃就有三四千克重，直径会有 10 厘米。如果把这样一个核桃扔出去，毫无疑问，砸到人头上会把头打烂。书中还写道，巨人国普通的冰雹都能把他砸趴下，"冰雹像砸来一阵网球似的，狠狠地打在我的背上、肋部，打在全身"。巨人国的每个冰雹都有 1 000 多克重，所以，格列佛说得并不严重。

图 49

8 巨人的戒指有多重

【题】格列佛从巨人国带出的物品中有一个王后本人送的金戒指，"她仁慈地从小拇指上取下戒指，像一个项圈一样套在我的头上。"格列佛说。

巨人的戒指对格列佛来说有可能像一个项圈一样吗？这个戒指会有多重呢？

【解】一个正常身材的人，小拇指的直径大约是 1.5 厘米，乘以 12 倍得到巨人小拇指的直径是 18 厘米。由此可以得到这个戒指的周长是

$18 \times 3.14 \approx 56$ 厘米。

可以找一段绳子量一下头部最宽处的头围，就可以知道 56 厘米周长的戒指完全可以从头上套进去。

戒指的重量可以这样算：我们的戒指一般重 5 克左右，那么巨人的戒指就应该有 8.5 千克重。

9 被夸大的巨人的书

【题】关于巨人的书，格列佛这样写道：

我可以在图书馆自由借阅图书，但是需要一套特定的设备才行。木匠为我建造了一架可以移动的木梯。木梯高 25 英尺，每一层的踏板长 50 英寸。如果我想借阅书，他们就在离墙 10 英尺远的位置，帮我架好梯子，踏板对着墙，书靠墙壁打开。我先爬到梯子的最高层，从书的第一行开始读，按照书中每行字的长度，需要左右走动八九步。随着我不断地读下去，视线也越来越低，这样我就要走到第二层踏板上，以此类推走到第三层直到最底层。第二页继续爬到顶层，按照上面的方法读下去。巨人的书像我们的厚纸板一样又厚又硬，可以很轻松地用双手翻动，最大开本的书，其书页长度也不会超过 18~20 英尺。

请问，上述所讲的这些彼此间是相符的吗？

【解】以现在一本书的尺寸长 25 厘米、宽 12 厘米为例，格列佛对他在巨人国看到的书的描述有些夸张了。读一本长不到 3 米、宽 1.5 米的书是不需要梯子的，也不需要看一行左右走动八九步。但是 18 世纪初的时候，普通书的尺寸（对开本的大书）要比现在的书大得多。

例如彼得一世时期出版的马格尼茨基的《算术》，就是一本长约 30 厘米，宽约 20 厘米的大对开本书。如果是巨人阅读的书，就要把这本书的尺寸放大 12 倍，也就是长 360 厘米（4 米）、宽 240 厘米（2.4 米），读这样一本书确实需要梯子。如果这本书放大 1 728 倍，足有 3 吨重，假设有 500 页，那么巨人书每页的重量大约是 6 千克，这个重量对于一般人来说还是挺重的。

$\boxed{10}$ 巨人的衣领

【题】这是"格列佛游记系列"的最后一道题了，我们就不再引用格列佛对自己冒险经历的描述了。

你知道吗？衣领的尺寸其实指的就是我们脖子的周长。如果你的脖子周长是 38 厘米，那么你就应该选衣领尺寸是 38 号的，要是选的比这个号小，穿的时候领子就会觉得紧；要是选的比这个号大，穿的时候就显得松。平均成年人的脖子周长是 40 厘米。

如果格列佛想要从伦敦给巨人国的巨人定做一批衣领，那么应该定多大号的呢？

【解】巨人脖子的周长应该是普通人的 12 倍，那么巨人的衣领长度也应该是普通人衣领长度的 12 倍。假设一个普通人的衣领尺寸是 40 号，那么巨人的衣领尺寸就应该是 40×12=480 号。

作者斯威夫特在《格列佛游记》中叙述的离奇数据都是精心计算过的，他在文中对所有物体的描述都完全符合几何学原理[①]。

注 释

①并不是根据力学原理——从这个角度可以对斯威夫特提出一些有力批评，可见《趣味力学》。

1 7 个数字的谜题

【题】依次写出 1~7 这七个数字，即 1、2、3、4、5、6、7，并且使用加减号将它们连接起来，使最后结果等于 40，那么算式为：12+34−5+6−7=40。重新将这七个数字用加减号连接起来，但是要求结果等于 55，要怎么做呢？

【解】这样的连接法不止一种，而是有下面三种：

$$123+4-5-67=55$$

$$1-2-3-4+56+7=55$$

$$12-3+45-6+7=55$$

2 9 个数字的谜题

【题】依次写出 1、2、3、4、5、6、7、8、9 这九个数字。你能在不改变数字顺序的前提下，只是在它们之间填上加减号，让最后结果等于 100 吗？

这个并不难，用 6 个加号和减号就可以得到 100：

$$12+3-4+5+67+8+9=100$$

在这九个数字之间加上 4 个加号和减号也能得到 100：

$$123+4-5+67-89=100$$

那么，你能试着用 3 个加号和减号让最后结果也等于 100 吗？这个看起来比较难，但是耐心思考还是可以做到的。

【解】九个数字通过 3 次加减得到结果 100 的方法是唯一的，即 123−

45-67+89=100。其他任何方法都不能使九个数字通过3次加减运算得到100。只用加法，如果运算少于 3 次也不可能得到这个结果。

3 用 10 个数字求 100

【题】你可以想出多少种用 0~9 这十个数字得到 100 的方法？请你至少想出 4 种。

【解】4 种解答方法如下：

$$70+24\frac{9}{18}+5\frac{3}{6}=100$$

$$80\frac{27}{54}+19\frac{3}{6}=100$$

$$87+9\frac{4}{5}+3\frac{12}{60}=100$$

$$50\frac{1}{2}+49\frac{38}{76}=100$$

4 用 10 个数字求数字 1

【题】如何用 0 ~ 9 这 10 个数字得到 1？

【解】用两个分数来表示 1，如：$\frac{148}{296}+\frac{35}{70}=1$。

熟悉代数的人还有其他的答案：因为任何数的零次方都等于 1，所以还可以通过 $123\,456\,789^{0}$ 和 $234\,567^{9-8-1}$ 等方式得到 1。

5 用5个2求三个数

【题】你要想办法用5个2和所有的数学符号，得到这些数字：15、11、12 321。

【解】得到数字15的方法如下：

$$(2+2)^2-\frac{2}{2}=15$$

$$(2\times2)^2-\frac{2}{2}=15$$

$$2^{(2+2)}+\frac{2}{2}=15$$

$$\frac{22}{2}+2\times2=15$$

$$\frac{22}{2}+2^2=15$$

$$\frac{22}{2}+2+2=15$$

得到数字11的方法：$\frac{22}{2}+2-2=11$。

在看到12 321的时候会觉得，用5个相同的数字是没办法得到这样的一个五位数的，但实际上也是有解的。得到数字12 321的方法如下：

$$\left(\frac{222}{2}\right)^2=111^2=111\times111=12\ 321$$

6 又是 5 个 2

【题】你能用 5 个 2 得到数字 28 吗?

【解】22+2+2+2=28。

7 这次是 4 个 2

【题】用 4 个 2 得到数字 111,这要怎么办到? 感觉比上面的题目都要难。

【解】$\dfrac{222}{2}$ =111。

8 用 5 个 3 求 10

【题】用 5 个 3 和任意数学符号得到 100,你应该知道使用如下方法:$33 \times 3 + \dfrac{3}{3}$ =100。那么你能用 5 个 3 得到数字 10 吗?

【解】这道题的答案是:$\dfrac{33}{3} - \dfrac{3}{3}$ =10。

如果要求不是用 5 个 3,而是 5 个 1、5 个 4、5 个 7、5 个 9,不管是什么相同的 5 个数字,都可以用这个方法得到 10:

$$\frac{11}{1} - \frac{1}{1} = \frac{22}{2} - \frac{2}{2} = \frac{44}{4} - \frac{4}{4} = \frac{99}{9} - \frac{9}{9} \text{等}。$$

这道题还可以这样解：

$$\frac{3 \times 3 \times 3 + 3}{3} = 10$$

$$3 + 3 + 3 + \frac{3}{3} = 10$$

9 用 5 个 3 求数字 37

【题】用 5 个 3 和任意数学符号得到 37，用类似的方法要怎么解答？

【解】答案有两个，如下：

$$33 + 3 + \frac{3}{3} = 37$$

$$\frac{333}{3 \times 3} = 37$$

10 数字 100 的 4 种不同算法

【题】想出 4 种不同的方法，用 5 个相同的数字最后得到 100。

【解】用 5 个 1 和 5 个 3 都能得到数字 100，用 5 个 5 就更简单了，答案如下：

$$111 - 11 = 100$$

$$33 \times 3 + \frac{3}{3} = 100$$

$$5 \times 5 \times 5 - 5 \times 5 = 100$$

$$（5+5+5+5）\times 5 = 100$$

11 用4个3求十个数

【题】用4个3很容易就能得到数字12，即3+3+3+3=12。用4个3得到数字15和18稍微有点难度，但是也能得到：（3+3）+（3×3）=15；（3×3）+（3×3）=18。还是用4个3，让你得到数字5，恐怕就不能马上想到这个方法：$\frac{3+3}{3}+3=5$。

请你找到如何用4个3得到1~10即1、2、3、4、5、6、7、8、9、10这10个数字的方法。

【解】

$$1 = \frac{33}{33}$$

$$2 = \frac{3}{3} + \frac{3}{3}$$

$$3 = \frac{3+3+3}{3}$$

$$4 = \frac{3 \times 3 + 3}{3}$$

$$6 = \frac{（3+3）\times 3}{3}$$

我们只给出得到数字1、2、3、4、6的方法，剩下的请你自己想出来吧。当然，给出的方法并不是唯一的。

12 用4个4求十个数

【题】如果上面的题你都算出来了，而且对这种类型的难题还很感兴趣，那么再试着用4个4得到数字1~10。这道题并不比上面的题难。

【解】

$$1 = \frac{4^4}{4^4} \text{ 或 } \frac{4+4}{4+4} \text{ 或 } \frac{4 \times 4}{4 \times 4} \text{ 等}$$

$$2 = \frac{4}{4} + \frac{4}{4} \text{ 或 } \frac{4 \times 4}{4 + 4}$$

$$3 = \frac{4+4+4}{4} \text{ 或 } \frac{4 \times 4 - 4}{4}$$

$$4 = 4 + 4 \times (4 - 4)$$

$$5 = \frac{4 \times 4 + 4}{4}$$

$$6 = \frac{4+4}{4} + 4$$

$$7 = 4 + 4 - \frac{4}{4} \text{ 或 } \frac{44}{4} - 4$$

$$8 = 4 + 4 + 4 - 4 \text{ 或 } 4 \times 4 - 4 - 4$$

$$9 = 4 + 4 + \frac{4}{4}$$

$$10 = \frac{44 - 4}{4}$$

13 用 4 个 5 求数字 16

【题】用数学符号把 4 个 5 连接起来得到 16，怎么才能办到呢？

【解】只有这一种解法：$\dfrac{55}{5}+5=16$。

14 用 5 个 9 求数字 10

【题】至少用两种方法用 5 个 9 得到数字 10。

【解】方法一：$9+\dfrac{9^9}{9^9}=10$。

方法二：$\dfrac{99}{9}-\dfrac{9}{9}=10$。

熟悉代数的人也能找到其他方法，如：

$$\left(9+\dfrac{9}{9}\right)^{\frac{9}{9}}=10，\quad 9+99^{9-9}=10$$

15 数字 24 的求法

【题】用 3 个 8 很容易就能得到 24，即 8+8+8。那么，不用 3 个 8 而是用其他三个一样的数字，你还能得到 24 吗？题目不只有一个答案。

【解】有两种方法：

$$22+2=24$$

$$3^3-3=24$$

16 数字 30 的求法

【题】3 个 5 很容易就得到数字 30，即 $5 \times 5+5$。但是用其他三个相同的数字得到 30 就有难度了，但是你可以尝试一下，也许还能找到多种方法。

【解】我们找到了三种方法：

$$6 \times 6-6=30$$

$$33-3=30$$

$$3^3+3=30$$

17 求解数字 1 000

【题】你能用 8 个相同的数字和任意的数学符号得到数字 1 000 吗？

【解】$888+88+8+8+8=1\ 000$。

18 求解数字 20

【题】你能从下面列出的三组数字中，删掉 6 个数字，使剩下的数字相加得 20 吗?

$$1\ 1\ 1$$

$$7\ 7\ 7$$

$$9\ 9\ 9$$

【解】如果用 * 代替被删掉的数字,结果应该是这样:

$$*\ 1\ 1$$

$$*\ *\ *$$

$$*\ *\ 9$$

最后相加,11+9=20。

19 求解数字 1 111

【题】下面是由 5 行奇数组成的柱形图:

$$1\ 1\ 1$$

$$3\ 3\ 3$$

$$5\ 5\ 5$$

$$7\ 7\ 7$$

$$9\ 9\ 9$$

问:从中删掉 9 个数,留下 6 个,让五行数字相加的和是 1 111。

【解】这道题有好几种解答方法,下面给大家列出四种,其中用 * 表示删掉的数字:

```
1**    111    *11    1*1

***    *3*    33*    3*3

**5    ***    ***    ***

**7    *7*    77*    7*7

999    9**    ***    ***
```

```
1111  1111   1111  1111
```

20 镜子里的数字

【题】你从镜子里看到的 19 世纪的哪一年的年份数字是实际的 $4\frac{1}{2}$ 倍？

【解】从镜子里看到的数字都是被镜像过的，只有 1、0 和 8 是不变的。因此，被镜像的年份数字一定是由这 3 个数字组成的。另外，从题目中可以知道这是 19 世纪的年份，所以开始的两个数字是 18。

综上所述，可以得出是 1818 年。这个年份从镜子里看是 8 181，正好是 1 818 的 $4\frac{1}{2}$ 倍：1 818×$4\frac{1}{2}$=8 181。这道题只有一个答案。

21 倒转后不变的年份

【题】具有下面特征的是 20 世纪的哪一年呢？特征：将年份数字垂直翻转之后，再倒着读出来，这一年仍然没有变化。

【解】符合题目中条件的年份，只有 20 世纪的 1961 年。

22 哪两个数字

【题】哪两个整数相乘的结果是 7？但是要注意，求的是两个整数，所以像 $3\frac{1}{2} \times 2$ 或者 $2\frac{1}{3} \times 3$ 这样的答案是错误的。

【解】答案很简单，只有 1 和 7 符合，没有其他答案了。

23 相加大于相乘的数字

【题】哪两个整数满足其相加的和比它们相乘的积大？

【解】这样的两个整数不计其数，但是其中一个一定是 1。比如：

$$3 \times 1=3, \quad 3+1=4$$

$$10 \times 1=10, \quad 10+1=11$$

因为，任何数加上 1 后都会变大，但是乘以 1 则大小不变。

24 相加、相乘一样大的数字

【题】哪两个整数相加的和与相乘的积一样大？

【解】这样的两个整数是 2 和 2，其他任何两个整数都不符合题目的要求。

25 既是质数也是偶数的数字

【题】首先你要知道什么是质数[①]，那些只能被本身整除的自然数是质数。其他的数叫作合数。但是 1 和 0 既不是质数也不是合数。

那你想一下，所有的偶数都是合数吗？或者是否存在一个既是偶数也是质数的数？

【解】只有数字 2，既是偶数又是质数，它只能被自身和 1 整除。

注 释

①质数又称素数，是除了 1 和它本身外，不能被其他自然数整除的自然数。目前为止，人们未找到一个公式可求出所有质数，迄今为止发现的最大质数，长达 2233 万位，如果用普通字号将它打印出来长度将超过 65 公里。关于质数有三个著名的猜想：

哥德巴赫猜想：是否每个大于 2 的偶数都可写成两个质数之和？

孪生素数猜想：孪生质数就是差为 2 的质数对，例如 11 和 13。是否存在无穷多的孪生质数？

斐波那契数列内是否存在无穷多的质数？是否有无穷多的梅森质数？在 n^2 与 $(n+1)^2$ 之间是否每隔 n 就有一个质数？是否存在无穷个形式如 x^2+1 的质数？

26 相乘相加相等的 3 个整数

【题】哪 3 个整数的和等于它们相乘的积?

【解】1、2、3 这三个整数相加的和等于它们相乘的积:

$$1+2+3=6,\ 1 \times 2 \times 3=6$$

27 和与积相等的数字

【题】你是不是已经开始注意到等式中一些有趣的特点了:

$2+2=4,\ 2 \times 2=4$,这是唯一的一个两个相同的整数相加的和与相乘的积相等的例子。

其实还存在即使不相同的两个数,它们的和与积也相等。请你找出这样的两个数。为了让你相信这不是浪费时间,我可以告诉你这样的数有很多,但是不一定是两个整数。

【解】下面举出几个这样成对数字的例子:

$$3+1\frac{1}{2}=4\frac{1}{2},\ 3 \times 1\frac{1}{2}=4\frac{1}{2}$$

$$5+1\frac{1}{4}=6\frac{1}{4},\ 5 \times 1\frac{1}{4}=6\frac{1}{4}$$

$$9+1\frac{1}{8}=10\frac{1}{8},\ 9 \times 1\frac{1}{8}=10\frac{1}{8}$$

$$11+1.1=12.1,\ 11 \times 1.1=12.1$$

$$21+1\frac{1}{20}=22\frac{1}{20},\ 21 \times 1\frac{1}{20}=22\frac{1}{20}$$

$$101+1.01=102.01,\ 101 \times 1.01=102.01$$

28 积与商相等的数字

【题】哪两个整数满足较大整数除以较小整数的商等于它们的积?

【解】这样的两个整数有很多,下面举几个例子:

$$2 \div 1=2, \ 2 \times 1=2$$

$$7 \div 1=7, \ 7 \times 1=7$$

$$43 \div 1=43, \ 43 \times 1=43$$

29 两位数的谜题

【题】一个两位数除以个位和十位相加的和,得到的商等于这两个数字的和,你能找出这个两位数吗?

【解】从题目中可以知道,这个两位数一定可以完全开方,而能完全开方的两位数一共有 6 个,通过一一试验就能找到符合题目要求的两位数是 81,计算公式为 $\frac{81}{8+1}$ =8+1。

30 相乘相加差 10 倍的两个数字

【题】数字 12 和 60 有个非常有趣的地方:两个数字的乘积是相加和的 10 倍:12×60=720,12+60=72。

你还能找出这样一对有趣的数字吗？幸运的话，你也许能找出好几对这样的数字呢。

【解】11 和 110，14 和 35，15 和 30，20 和 20 这四对数字满足题目中所有的要求：

$$11 \times 110 = 1\ 210，\ 11 + 110 = 121$$
$$14 \times 35 = 490，\ 14 + 35 = 49$$
$$15 \times 30 = 450，\ 15 + 30 = 45$$
$$20 \times 20 = 400，\ 20 + 20 = 40$$

这道题没有其他答案了。

如果在众多数字中一个一个地找，无异于大海捞针，会非常困难。但是用代数知识解答这道题就简单多了，利用代数的方法可以找到所有满足条件的数字，且确定没有第 5 个答案。

31 两个数字的最小正整数

【题】可以用两个数字得到的最小正整数是多少？

【解】不是 1 和 0 组成的 10，而是 1。下面给大家证明一下：

$\dfrac{1}{1}$、$\dfrac{2}{2}$、$\dfrac{3}{3}$、$\dfrac{4}{4}\cdots\dfrac{9}{9}$。会代数的人还可以用另外一种方法：

1^0、2^0、3^0、$4^0\cdots9^0$，因为所有数字的零次方都等于 1。但是 $\dfrac{0}{0}$、0^0 并不能算作答案，因为这两个式子本身毫无意义。

32 用 4 个 1 写出的最大数

【题】你能用 4 个 1 写出的最大数是多少？

【解】你可能轻易就给出 1 111 这个答案，但这并不是最大的，而且最大数要大得多，大 2 500 万倍。这个数是 11^{11}。虽然这个数只是由简单的 4 个 1 组成，但是计算出的结果却是 2 850 亿。

33 一个不一般的分数

【题】仔细观察一下这个数 $\dfrac{6\,729}{13\,458}$，就会发现在这个数中使用了 1 到 9 的所有数字，而且这个分数等于 $\dfrac{1}{2}$。

那么，你能用 1 到 9 所有的数字表示 $\dfrac{1}{3}$、$\dfrac{1}{4}$、$\dfrac{1}{5}$、$\dfrac{1}{6}$、$\dfrac{1}{7}$、$\dfrac{1}{8}$、$\dfrac{1}{9}$ 这些分数吗？

【解】这道题有好几个答案，特别是 $\dfrac{1}{8}$ 有超过 40 个的答案。下面举其中一种：

$$\frac{1}{3}=\frac{5\,823}{17\,469}$$

$$\frac{1}{4}=\frac{3\,942}{15\,768}$$

$$\frac{1}{5}=\frac{2\,697}{13\,485}$$

$$\frac{1}{6}=\frac{2\,943}{17\,658}$$

$$\frac{1}{7}=\frac{2\,394}{16\,758}$$

$$\frac{1}{8}=\frac{3\,187}{25\,496}$$

$$\frac{1}{9}=\frac{6\,381}{57\,429}$$

34 补全残缺的算式

【题】一个小学生在黑板上做了一道数学题，做完后就把大部分数字擦掉了，因此只能看到第一排的数字和最后一排数字中的两个数，其他的数字只留下残缺不全的痕迹，只剩下下面这个式子：

```
        2 3 5
    ×     * *
    ─────────
      * * 1 *
  + * * * *
    ─────────
    * * 5 6 *
```

你能把被擦掉的乘数补全吗？

【解】推理如下：

数字6是由算式中两个数相加得到的，而下面被擦掉的数字只能是0或者5。如果是数字0的话，那么上面的数字就应该是6。是否真的是数字6，我们可以验证一下。

不管乘数的第二个数字是多少，第一步运算中得到的那个位置上的数字都不可能是6，所以倒数第二个数的最末位的数字应该是5，因此它正上面的数字就是1。现在就能补全算式中的一部分数字了。

```
        2 3 5
    ×     * *
    ─────────
      * * 1 *
  + * * * 5
    ─────────
    * * 5 6 *
```

乘数最后一个数字应该大于 4，否则这个算式的第一个数字就不是四位数了。但是这个数也不可能是 5，相对应的位置上也不能是 1，而数字 6 能满足条件，得到算式：

```
            2 3 5
      ×       * *
   ———————————————
          1 4 1 0
      + * * * 5
   ———————————————
      * * 5 6 0
```

以此类推可以得到这个乘数应该是 96。

35 补上残缺不全的数字

【题】有一大半数字都被星号代替的乘法算式如下：

```
          * 1 *
      ×   3 * 2
   ———————————————
          * 3 *
        3 * 2 *
   + * 2 * 5
   ———————————————
      1 * 8 * 3 0
```

你能把这个残缺不全的算式补完整吗？

【解】可以用下面的推理方法，将星号补全逐渐将算式复原。为了方便，可以把每行编上序号：

```
         * 1 *  ············①
       × 3 * 2  ············②
       ─────────
         * 3 *  ············③
       3 2 *    ············④
     + * 2 * 5  ············⑤
     ─────────
     1 * 8 * 3 0  ············⑥
```

　　根据第⑥行中最后一个数字是 0，可以很容易得出第③行最后一个星号位置的数字应该是 0。

　　现在来确定第①行中最后一个星号位置的数字：这个数字乘以 2 得到了一个以 0 结尾的数字，乘以 3，得到一个以 5 结尾的数字（见第⑤行），那么这个数只能是 5。因此不难得出第②行那个星号位置的数字是 8，因为只有数字 8 和 15 相乘才能得出第④的数字以 20 结尾。推算剩下的数字就比较容易了，只要相乘就可以，结果如下：

```
         4 1 5
       × 3 8 2
       ─────────
         8 3 0
       3 3 2 0
     + 1 2 4 5
     ─────────
     1 5 8 5 3 0
```

36　补全星号位置的数字

【题】与前面相似的题型，把星号位置的数字都写出来：

```
           * * 5
       ×   1 * *
       ─────────
           2 * * 5
         1 3 * 0
     + * * *
     ─────────
       4 * 7 * *
```

【解】此类型的题用相同的解题方法就能得出星号位置的数字：

$$
\begin{array}{r}
325 \\
\times\ 147 \\
\hline
2775 \\
1300 \\
+\ 325 \\
\hline
47775
\end{array}
$$

37 乘法中有趣又奇怪的现象

【题】从下面两个数相乘的运算中，你能发现一个有趣的现象：
$48 \times 159 = 7\,632$。

这个乘法的算式中使用了 1~9 所有的有效数字，这就是它的有趣之处。你还能找出其他类似的例子吗？这样的例子还有多少？

【解】如果你有耐心，就能找到 9 种符合题目条件的例子。如下：

$$12 \times 483 = 5\,796$$

$$42 \times 138 = 5\,796$$

$$18 \times 297 = 5\,346$$

$$27 \times 198 = 5\,346$$

$$39 \times 186 = 7\,254$$

$$48 \times 159 = 7\,632$$

$$28 \times 157 = 4\,396$$

$$4 \times 1\,738 = 6\,952$$

$$4 \times 1\,963 = 7\,852$$

38 神秘的商

【题】下面的算式是一道多位数除法，只是题目中所有的数字都被小黑点替代了：

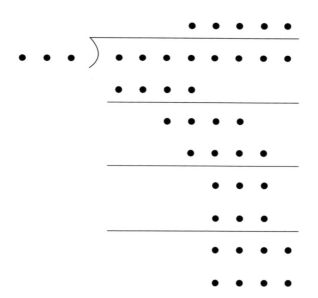

所有的数字都是按照十进制计数法写的，只知道商的倒数第二个数字是7，被除数和除数都是未知的，求商，而且只有一个解。

【解】为了解答方便，将每一行都编上序号：

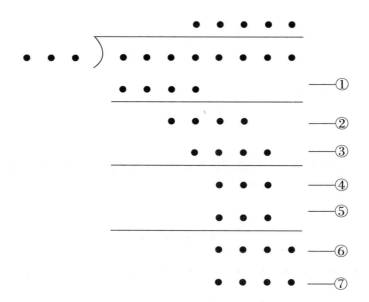

观察第②行可以看出来，连续从被除数上往下移动了两个数字，因此可以推断，商的第二个数字是 0。假设除数是 x，根据第④行和第⑤行可以得出，$7x$ 的被减数，也就是商的倒数第二个数字和除数的乘积，大于等于 100，小于等于 999，所以 $7x$ 的最大值会小于 999–100=899，因此可得 $x \leq 128$。

进一步观察，第②行的四位数减去第③行的数字后变成了两位数，由此可知第③行的数会超过 900，也就是商的第三个数字应该是 $900 \div 128 \approx 7.03$，即 8 或者 9。因为第①行和第⑦行的数字是四位数，所以商的第三个数字是 8，最后一个数字是 9。

到此这道题就解答出来了，未知数的商是 90 879。

问题只是求商而已，没有必要继续求被除数和除数了。黑点对应数字，并且商的第四个数字是 7 的被除数和除数有 11 对，所有的商都等于 90 879，如下：

$$10\,360\,206 \div 114$$
$$10\,451\,085 \div 115$$
$$10\,541\,964 \div 116$$
$$10\,632\,843 \div 117$$
$$10\,723\,722 \div 118$$
$$10\,814\,601 \div 119 \Bigg\} = 90\,879$$
$$10\,905\,480 \div 120$$
$$10\,996\,359 \div 121$$
$$11\,087\,238 \div 122$$
$$11\,178\,117 \div 123$$
$$11\,268\,996 \div 124$$

39 星号位置的数字

【题】还原下面算式中所有星号位置的数字：

```
                    1  *  *
        3 2 5 ) *  2  *  5  *
                *  *  *
                ────────────
                *  0  *  *  *
                *  9  *  *
                ────────────
                      *  5  *
                      *  5  *
                      ──────
                            0
```

【解】还原所有数字后的算式如下：

$$
\begin{array}{r}
162 \\
325 \overline{\smash{\big)}\ 52650\,0} \\
\underline{325} \\
20150 \\
\underline{1950} \\
6500 \\
\underline{6500} \\
0
\end{array}
$$

40 被 11 整除的 9 位数

【题】由 9 个不同数字组成的 9 位数，而且这个数可以被 11 整除。写出这个 9 位数最大和最小可能值。

【解】首先需要知道什么样的数才能被 11 整除，如果一个数各偶数位置上的数字之和同各奇数位置上的数字之和的差，等于 0 或者被 11 整除，这个数就能被 11 整除。以 23 658 904 举例：

各偶数位上的数字之和：3+5+9+4=21；

各奇数位上的数字之和：2+6+8+0=16；

它们之间的差是：21–16=5。

这个差既不能被 0 整除，也不能被 11 整除，那么 23 658 904 也不能被 11 整除。

再以 7 344 535 举例：

各偶数位上的数字之和：3+4+3=10；

各奇数位上的数字之和：7+4+5+5=21；

它们之间的差是：21–10=11。

差能被 11 整除，那么 7 344 535 也能被 11 整除。

用上面的方法就很容易用 9 个数字写出满足题目要求的数字了，举例 352 049 786，验证：

各偶数位上的数字之和：5+0+9+8=22；

各奇数位上的数字之和：3+2+4+7+6=22；

它们之间的差是：26−26=0，所以这个数是 11 的倍数，即能被 11 整除。

被 11 整除的 9 位数，最大值是 987 652 413，最小值是 102 347 586。

41 求解数字三角形

【题】如图 47 所示的三角形，把数字 1~9 填入圆圈内，使每条边上的数字相加得 20。

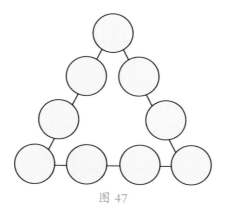

图 47

【解】答案如图 48 所示。每边上的中间两个数字可以互换位置，这样就是另外一种答案。

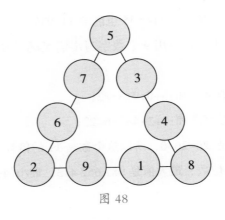

图 48

42 又一个数字三角形

【题】如图 49 所示的三角形，把数字 1~9 填入圆圈内，使每条边上的数字相加得 17。

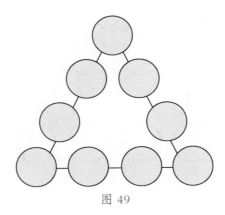

图 49

【解】答案如图 50 所示。每边上的中间两个数字可以互换位置，这样就是另外一种答案。

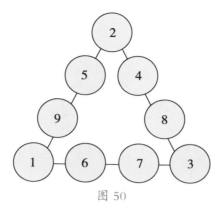

图 50

43 求解八角星

【题】如图 51 所示的是一个八角星形状，把数字 1~16 填入每条线条交点的位置，使每个正方形各条边上的数字之和为 34，同时也要让每个正方形四角上的数字之和为 34。

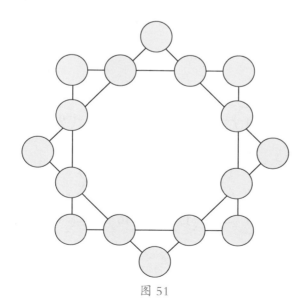

图 51

【解】答案如图 52 所示。

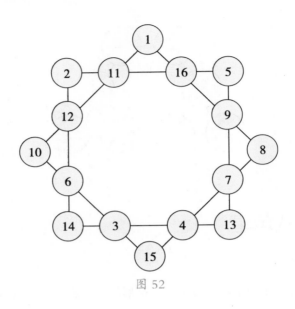

图 52

44 求解六角星

【题】图 53 中是一个六角星形，神奇的是，它六条边上数字的和是相等的：

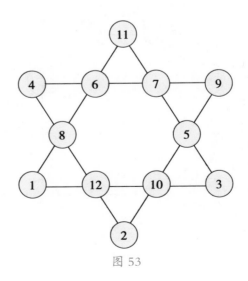

图 53

$$4+6+7+9=26$$

$$4+8+12+2=26$$

$$9+5+10+2=26$$

$$11+6+8+1=26$$

$$11+7+5+3=26$$

$$1+12+10+3=26$$

但是六个角上的数字相加的和却是:4+11+9+3+2+1=30。你能把这个六角星调整一下，不仅让它每条边上的数字之和等于 26，六角上的数字相加也等于 26 吗?

【解】按照下面的方法，可以找到简化的正确填写数字的方法。

如果六角星所有角上的数字之和为 26，那么整个六角星上的数字的和是 78，所以六角星内部的数字和是 78-26=52。

我们先看其中任意的一个大三角，三角形每条边上数字的和是 26，那么将三角形三条边上的数字相加可以得到 26×3=78，但是每一个角上的数字都被加了两次。因为三角形内部的三对数字，即内部六角星上的数字和是 52，所以三个角上数字被加了两次的和等于 78-52=26，因此就得出三个角上数字和是 13。

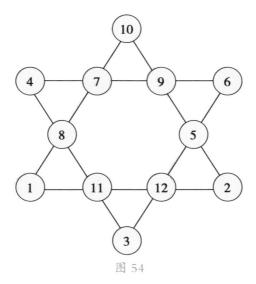

图 54

这样一算我们的范围就缩小很多，比如我们能知道三角形顶端的数字既不能是 11 也不能是 12（你知道为什么吗？），所以可以从数字 10 开始试验，而且能马上确定 1 和 2 这两个数字会在三角形另外两个角上。

继续往下试验，最后按照题目要求排好的数字如图 54 所示。

小贴士

相传，犹太史上最杰出的国王大卫使用六角星形状的藤牌，南征北战，打败强敌，统一了以色列 12 支派，建立了强大的希伯来王国，因此犹太人把这种六角形称作大卫盾或大卫星，它逐渐成了民族的象征物。

45 求解数字大圆

【题】如图 55 的大圆形，把数字 1~9 全部填入小圆圈里，圆心填一个数字，其余的数字填入每条直径的末端，而且让每条直径上的三个数字之和都等于 15。

【解】答案如图 56 所示。

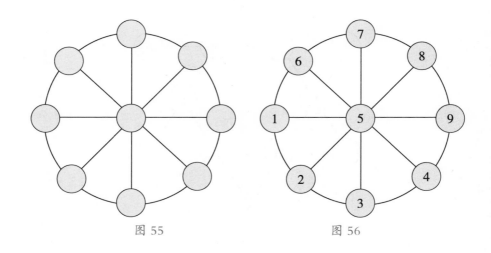

图 55　　　　　　　　图 56

46 求解三齿叉

【题】如图 57 是有许多小方块组成的一个三齿叉，把数字 1~13 分别填入小方块里，使①、②、③每条垂直数列中的数字和与水平数列④中的数字和相同。试着填一下吧。

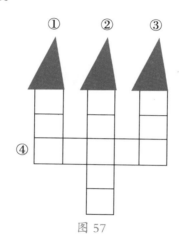

图 57

【解】如图 58 中就是数字 1~13 填入的方式，而且不管垂直还是水平数列的和都等于 25。

11		1		13
12		5		8
2	6	3	10	4
		7		
		9		

图 58

松树	▨ ▨ ▨ ▨ ▨ ☐ ▨ ▨ ▨ ▨ ▨
冷杉	▨ ▨ ▨ ▨ ▨ ▨ ▨ ▨ ▨ ▨ ▨ ▨ ▨ ▨ ▨ ☐
白桦	▨ ▨ ▨ ▨ ▨ ▨ ▨ ▨ ▨ ▎
白杨	▨ ▨ ▨ ▨ ▨ ▨ ▨ ⌐

1 看似简单的数数谜题

谁不会数数呢？恐怕小孩子对这个问题都会嗤之以鼻。数数没什么了不起的，谁都能依次数出 1、2、3…但是我还是认为，你不是总能把数数这个简单问题解决好的。

一个盒子里只有钉子的时候，会很容易数清楚，但是如果盒子里既有钉子又有螺丝，要把钉子和螺丝分别数清楚，你会怎么数？先分开钉子和螺丝，再分别数吗？

家庭主妇洗衣服的时候也会遇到类似的问题，她会按照衣服的不同种类分开放：衬衫放一堆，毛巾放一堆，枕套放一堆……直到把所有的衣服都分堆放好，她才开始数每堆衣服有多少件。

以上就是不会数数的例子，因为那样数不一样的东西很不方便，而且很麻烦，有的时候那种方法也根本行不通。如果只数钉子或衣服，还能分堆数，但是如果你是一名林业学家，必须要数清楚同一公顷土地上长了多少棵松树、多少棵冷杉、多少棵白桦树、多少棵白杨，你要怎么数？难道要按照树木的种类分好组，先数清楚有多少棵松树，然后数有多少棵冷杉，再数有多少棵白桦树，最后数有多少棵白杨吗？按照这种方法数清楚所有树的数量，你要在这块地上走四遍。

难道就没有走一遍就能数清楚所有树的数量的简便方法吗？当然有这样的方法，林业工作者很久之前就在使用这种方法。下面以钉子和螺丝为例，给大家讲一下这种方法。

为了不分组就能一次性数清楚盒子里的钉子和螺丝的数量，需要在纸上先画一个如下的表格：

钉子	螺丝

然后开始数数。

先随便从盒子里拿出一个，如果是钉子就在表格中"钉子"的下面画一个小横杠，如果是螺丝就在"螺丝"的下面画一个小横杠；再从盒子里随便拿出第二个，仍然按照上面的方法计数；再拿出第三个……以此类推，直到盒子里的东西全部被拿完。最后数一下表格中"钉子"和"螺丝"下面一共画了多少个小横杠，就代表盒子里原来有多少个钉子和螺丝。

还有一种更简单的方法，让你能一目了然地知道小横杠的数量。你在画横杠的时候不是简单地一条条画在表格里，而是画的时候将五个小横杠拼成一个小方块，如图 59 所示。而且还要将小方块成对排列，如图 60 所示，一列画两个小方块地依次排列下去。

按照这种方法排列后，基本上一眼就能看出小横杠的数量：一个小方块是 5 个小横杠，一列就是 10 个小横杠，三列再加上不完整的一列（8 个小横杠），一共就是 38 个小横杠。

在计算同一片树林不同种类树的数量的时候，就要用到这种小方块，不过表格就要画出四栏，如下：

松树	
冷杉	
白桦	
白杨	

如果是更多数量的计数，还可以画代表"10"的小方块，如图 61。

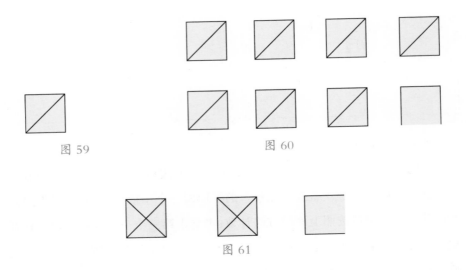

图 59　　　　　　　　　　图 60

图 61

数完以后，就可以看到表格中的记录大致如图 62 所示：

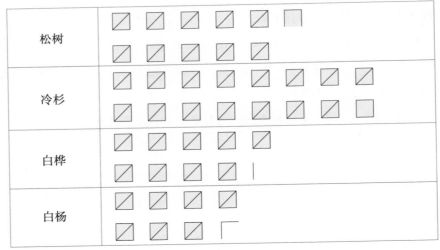

图 62

最后按照小方块的数量做一个总计就非常简单了：

松树···53

这种方法也常用在医生使用显微镜观察血样，记录其中有多少个红细胞和白细胞的时候。

如果让你数一数一块草地上几种植物的数量分别是多少，现在你应该知道用哪种方法能最快地数出来了。先在纸上列出一个所有植物的表格，为了计数做标记用，然后拿着这个表格一边数一边画计数小方块，然后你会得到一个像图 62 那样的纸张，最后分别统计数量就可以了。

2 数清树林里的树木

对于居住在城市的人们来说，很难理解为什么要在树林里数树，托尔斯泰①的小说《安娜·卡列尼娜》中那位通晓农业的列文，就问过对农业一窍不通而又打算卖掉树林的亲戚这个问题：

"你数了有多少棵树吗？"

"那要怎么数啊？"对方吃惊地说，"就像谁也数不清楚地球上有多少粒沙子，天上有多少颗星星……"

"嗯，确实如你所说。但是买树的商人亚比宁就有这个本事，没有一个买树的商人不数清买的树木的。"

为了计算树林里有多少立方米的木材，需要数清楚树林里的树木。但并不是把树林里所有的树都数一遍，只是数某一特定范围内的树，比如在一片树林里找一块半公顷或者四分之一公顷的林地进行数数，要求这片树木的疏密程度、树木种类、粗细、高矮要在整片树林里处于一个平均水平。需要有丰富的经验才能选出这样一块林地。在清点树木时只计算每个品种树木的棵数是不够的，还要了解树干的粗度达到每种水平的树木分别有多少棵，也就是要数出树干粗 25 厘米的树有多少棵，树干粗 30 厘米的有多少棵，35 厘米的有多少棵等。这比四栏的表格要复杂得多。所以，你想象一下，如果你没有学会前面教授的方法，而是按照普通的方法去数，不知道要在林子里来来回回走多少遍呢。

综上所述，觉得数数是一件简单的事儿，那说明你只遇到同一种东西的数目计算。如果你要数的是很多种不同的东西，毋庸置疑，使用前面教授的方法才是最简单、最有效的。

注 释

①列夫·尼古拉耶维奇·托尔斯泰（1828—1910），19 世纪中期俄罗斯著名的批判现实主义作家、思想家、哲学家，代表作除《安娜·卡列尼娜》外，还有《战争与和平》《复活》等。

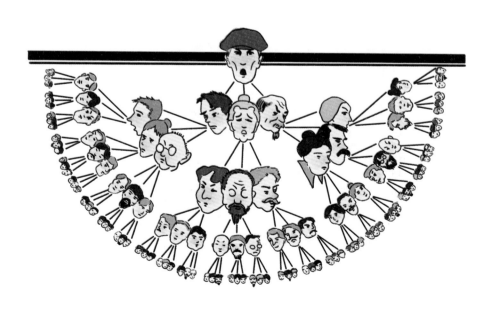

下面告诉大家一些简单的、易于掌握的快速心算法。要记住，机械的记忆不代表你已经掌握了这些方法，而是要有意识地在计算中运用这些方法。除此之外，还需要进一步训练。

在掌握了推荐的方法之后，你不但可以在头脑中准确无误地快速计算，而且笔算的准确率也很高。

1 个位数的乘法心算

（1）乘数为个位数的乘法，如 27×8，心算时不要按照笔算的方式，从被乘数的个位数开始乘，而是从十位数开始乘，即 $20 \times 8=160$，然后再乘个位数，即 $7 \times 8=56$，最后将两个结果相加：$160+56=216$。

再看两个例子：

$34 \times 7=30 \times 7+4 \times 7=210+28=238$

$47 \times 6=40 \times 6+7 \times 6=240+42=282$

（2）牢记 11~19 的个位数乘法表非常有用，它会让你在心算时更高效。

	2	3	4	5	6	7	8	9
11	22	33	44	55	66	77	88	99
12	24	36	48	60	72	84	96	108
13	26	39	52	65	78	91	104	117
14	28	42	56	70	84	98	112	126
15	30	45	60	75	90	105	120	135
16	32	48	64	80	96	112	128	144
17	34	51	68	85	102	119	136	153
18	36	54	72	90	108	126	144	162
19	38	57	76	95	114	133	152	171

例如计算 147×8 时，就可以这样算：

$$147 \times 8=140 \times 8+7 \times 8=1\ 120+56=1\ 176$$

（3）在乘法计算中，如果能将其中一个数因式分解成个位数，分解后计算起来更简单，例如：

$$225 \times 6 = 225 \times 2 \times 3 = 450 \times 3 = 1\ 350$$

2 两位数的乘法心算

（4）心算乘数为两位数的乘法时，尽量将其转变成我们熟悉的乘数为个位数的乘法，这样计算起来更简便。

当被乘数是个位数时，可以通过交换把它放在乘数位置，然后按照（1）的方法计算，例如：$6 \times 28 = 28 \times 6 = 20 \times 6 + 8 \times 6 = 120 + 48 = 168$。

（5）如果是两个两位数相乘，就要在心里将其中一个数分解成一个十位、一个个位，例如：

$$29 \times 12 = 29 \times 10 + 29 \times 2 = 290 + 58 = 348$$

$$41 \times 16 = 41 \times 10 + 41 \times 6 = 410 + 246 = 656$$

$$或者\ 41 \times 16 = 16 \times 40 + 16 \times 1 = 640 + 16 = 656$$

（6）心算时如果乘数或被乘数很容易因式分解成个位数的话，如 $14 = 2 \times 7$，就要充分利用这一点，将一个数缩小几倍，另一个数扩大相应倍数〔对比"（3）"〕，例如：

$$45 \times 14 = 45 \times 2 \times 7 = 90 \times 7 = 630$$

3 乘数和除数为 4 和 8

（7）如果乘数是 4，心算时将被乘数乘 2 两次，例如：

$$112 \times 4=112 \times 2 \times 2=224 \times 2=448$$

$$335 \times 4=335 \times 2 \times 2=670 \times 2=1\,340$$

（8）如果乘数是 8，心算时将被乘数乘 2 三次，例如：

$$217 \times 8=217 \times 2 \times 2 \times 2=868 \times 2=1\,736$$

还可以更简便：

$$217 \times 8=200 \times 8+17 \times 8=1\,600+136=1\,736$$

（9）如果除数是 4，心算时将被除数除以 2 两次，例如：

$$76 \div 4=76 \div 2 \div 2=38 \div 2=19$$

$$236 \div 4=236 \div 2 \div 2=118 \div 2=59$$

（10）如果除数是 8，心算时将被除数除以 2 三次，例如：

$$464 \div 8=464 \div 2 \div 2 \div 2=116 \div 2=58$$

$$516 \div 8=516 \div 2 \div 2 \div 2=129 \div 2=64.5$$

4　乘数为 5 和 25

（11）如果乘数是 5，心算时就要把 5 替换成 $\dfrac{10}{2}$，相当于在被乘数加上一个 0，再除以 2，例如：

$$74 \times 5=740 \div 2=370$$

$$243 \times 5=2\,430 \div 2=1\,215$$

（12）如果乘数是 25，心算时就要把 25 替换成 $\dfrac{100}{4}$，相当于被乘数除以 4，商再乘 100，也就是商上加两个 0，例如：

$$72 \times 25=\dfrac{72}{4} \times 100=1\,800$$

如果出现被乘数不能被 4 整除，就记住下面的规则：

余数是 1，商后添 25；

余数是 2，商后添 50；

余数是 3，商后添 75。

这是由 $100 \div 4=25$，$200 \div 4=50$，$300 \div 4=75$ 得出来的。

5 乘数为分数的心算题 $1\frac{1}{2}$、$1\frac{1}{4}$、$2\frac{1}{2}$、$\frac{3}{4}$

（13）当乘数为 $1\frac{1}{2}$ 时，心算的方法是被乘数加上它的一半，例如：

$$23 \times 1\frac{1}{2} = 23+11.5 = 34.5$$

（14）当乘数为 $1\frac{1}{4}$ 时，心算的方法是被乘数加上它的 $\frac{1}{4}$，例如：

$$58 \times 1\frac{1}{4} = 58+14.5 = 72.5$$

（15）当乘数为 $2\frac{1}{2}$ 时，心算的方法是先将被乘数加倍，再加上被乘数的一半，例如：

$$39 \times 2\frac{1}{2} = 78+19.5 = 97.5$$

还有一种方法是，先将被乘数放大 5 倍，再除以 2，即：

$$18 \times 2\frac{1}{2} = 90 \div 2 = 45$$

（16）当乘数为 $\frac{3}{4}$ 时（也就是求被乘数的 $\frac{3}{4}$），心算的方法是被乘数先乘以 $1\frac{1}{2}$ 再除以 2，例如：

$$30 \times \frac{3}{4} = \frac{30 \times 1\frac{1}{2}}{2} = \frac{45}{2} = 22.5$$

另一种方法是，被乘数减去它的 $\frac{1}{4}$，或者是被乘数的一半再加被乘数一半的一半，即：

$$30 \times \frac{3}{4} = 30 - (30 \times \frac{1}{4}) = 22.5 \text{ 或 } 30 \times \frac{3}{4} = 15 + 7.5 = 22.5$$

6 乘数为 15、75 和 125

（17）心算时如果乘数是 15，把 15 替换成 $10 \times 1\frac{1}{2}$（因为 $10 \times 1\frac{1}{2} = 15$），例如：

$$18 \times 15 = 18 \times 1\frac{1}{2} \times 10 = 270$$

$$45 \times 15 = 450 + 225 = 675$$

（18）心算时如果乘数是 75，把 75 替换成 $\frac{3}{4} \times 100$（因为 $\frac{3}{4} \times 100 = 75$），例如：

$18 \times 75 = 18 \times 100 \times \frac{3}{4} = 1\,800 \times \frac{3}{4} = \frac{1\,800 + 900}{2} = 1\,350$，其中加入（6）的方法会让心算更简便：$18 \times 15 = 90 \times 3 = 270$，$26 \times 125 = 130 \times 25 = 3\,250$。

（19）心算时如果乘数是 125，把 125 替换成 $100 \times 1\frac{1}{4}$（因为 $100 \times 1\frac{1}{4} = 125$），例如：

$$26 \times 125 = 26 \times 100 \times 1\frac{1}{4} = 2\,600 + 650 = 3\,250$$

$$47 \times 125 = 47 \times 100 \times 1\frac{1}{4} = 4\,700 + \frac{4\,700}{4} = 4\,700 + 1\,175 = 5\,875$$

7 乘数为 9 和 11

（20）心算一个数乘 9 时，被乘数加上一个 0 再减去被乘数，例如：

$$62 \times 9 = 620 - 62 = 600 - 42 = 558$$

$$73 \times 9 = 730 - 73 = 700 - 43 = 657$$

（21）心算一个数乘 11 时，被乘数加上一个 0 再加上被乘数，例如：

$$87 \times 11 = 870 + 87 = 957$$

8 除数为分数的心算题

（22）心算除数为 5 的时候，先将被除数乘以 2，再将结果除以 10，也就是在结果的最后一个数字前加小数点，例如：

$$68 \div 5 = \frac{68 \times 2}{10} = 13.6$$

$$237 \div 5 = \frac{237 \times 2}{10} = 47.4$$

（23）心算除数为 $1\frac{1}{2}$ 的时候，先将被除数乘 2 后再除以 3，例如：

$$36 \div 1\frac{1}{2} = 36 \times 2 \div 3 = 72 \div 3 = 24$$

$$53 \div 1\frac{1}{2} = 53 \times 2 \div 3 = 106 \div 3 = 35\frac{1}{3}$$

（24）心算除数为 15 的时候，先将被除数乘 2 后再除以 30，例如：

$$240 \div 15 = 240 \times 2 \div 30 = 480 \div 30 = 16$$
$$462 \div 15 = 462 \times 2 \div 30 = 924 \div 30 = 30.8$$

9 心算求平方

（25）计算一个以 5 结尾的数的平方，如 85，只需将十位上的数字 8 乘比它大 1 的数，即 $8 \times 9 = 72$，再在得出的结果后面直接写上 25，即 7 225 就是最终的答案。

例如：

$$25^2 : 2 \times 3 = 6 \rightarrow 625$$

$$45^2 : 4 \times 5 = 20 \rightarrow 2\,025$$

$$145^2 = 14 \times 15 = 210 \rightarrow 21\,025$$

一个以 5 结尾的三位数的平方，可以用下面的公式得到：

$$(10x+5)^2 = 100x^2 + 100x + 25 = 100x\,(x+1)+25$$

（26）上面的方法同样适用于以 5 结尾的小数，例如：

$$8.5^2 = 72.25$$

$$14.5^2 = 210.25$$

$$0.35^2 = 0.1225$$

以此类推。

（27）因为 $\frac{1}{2} = 0.5$，$\frac{1}{4} = 0.25$，（25）中的方法同样可以用于心算以 $\frac{1}{2}$ 结尾的数字的平方，例如：

$$(8\frac{1}{2})^2 = 72\frac{1}{4}$$

$$(14\frac{1}{2})^2 = 210\frac{1}{4}$$

（28）用下面的公式心算数字的平方时会更简便：$(a \pm b)^2 = a^2 + b^2 \pm 2ab$。这个公式对心算以 1、4、6、9 结尾的数字的平方十分方便。

例如：

$$41^2 = 40^2 + 1 + 2 \times 40 = 1\ 601 + 80 + 1\ 681$$

$$69^2 = 70^2 + 1 - 2 \times 70 = 4901 - 140 = 4\ 761$$

$$36^2 = (35+1)^2 = 1\ 225 + 1 + 2 \times 35 = 1\ 296$$

10 用特定的公式计算

（29）当 52×48 需要心算的时候，可以在心里将这两个数替换成 $(50+2) \times (50-2)$，可以得出 $(50+2) \times (50-2) = 50^2 - 2^2 = 2\ 496$。

这个公式适用于两数相乘，一个数可以被替换成两数相加，另外一个数正好等于这两数相减，例如：

$$69 \times 71 = (70-1) \times (70+1) = 4\ 899$$

$$33 \times 27 = (30+3) \times (30-3) = 891$$

$$53 \times 57 = (55-2) \times (55+2) = 3\ 021$$

$$84 \times 86 = (85-1) \times (85+1) = 7\ 224$$

（30）下面的算式也适合用这个公式心算：

$$7\frac{1}{2} \times 6\frac{1}{2} = \left(7 + \frac{1}{2}\right) \times \left(7 - \frac{1}{2}\right) = 48\frac{3}{4}$$

$$11\frac{3}{4} \times 12\frac{1}{4} = \left(12 - \frac{1}{4}\right) \times \left(12 + \frac{1}{4}\right) = 143\frac{15}{16}$$

11 记住这些算式

（31）$37 \times 3 = 111$，在心算 37 乘 6、9、12 等数字时运用这个式子就变得容易多了。例如：

$$37 \times 6 = 37 \times 3 \times 2 = 222$$
$$37 \times 9 = 37 \times 3 \times 3 = 333$$
$$37 \times 12 = 37 \times 3 \times 4 = 444$$
$$37 \times 15 = 37 \times 3 \times 5 = 555$$

以此类推。

（32）$7 \times 11 \times 13 = 1\,001$，记住这个算式，对下面的计算很有帮助：

$$77 \times 13 = 1\,001$$
$$77 \times 26 = 2\,002$$
$$77 \times 39 = 3\,003$$

或者

$$91 \times 11 = 1\,001$$
$$91 \times 22 = 2\,002$$
$$91 \times 33 = 3\,003$$

或者

$$143 \times 7 = 1\,001$$
$$143 \times 14 = 2\,002$$
$$143 \times 21 = 3\,003$$

以此类推。本章介绍的都是心算乘除法、开方时使用的最简便的方法。那些善于思考的读者，在实际应用中还会积累一些更简便更有效的方法。

6	1	8
7	5	3
2	9	4

8	3	4
1	5	9
6	7	2

1 最小的魔方有几块

魔方又叫幻方，是一项古老的数学游戏，流传至今。这个游戏的目标是，把正方形方格中从 1 开始的一串数字，最终排列成任意行、任意列和两条对角线上的数字和都相等。

最小的魔方有 9 个小方块，仔细思考下不难发现，由 4 个小方块组成的魔方是不可能存在的，下面就是由 9 个方块构成的魔方：

4	3	8
9	5	1
2	7	6

图 63

在这个魔方中，不管是 4+3+8、2+7+6、4+9+2、8+1+6 还是 4+5+6、8+5+2，任何三个数字相加的和都等于 15。其实，之前我们就能预见到组成这个数字魔方的效果。图中数字组成的正方形上、中、下三行，应该包含了所有的 9 个数字，这 9 个数字的和为：1+2+3+4+5+6+7+8+9=45。

也就是说，这个和应该等于其中一行数字和的三倍，所以我们能得到每行数字的和应该是：45÷3=15。

通过这个方法，我们就能提前计算出任意小方块组成的魔方的任意一行或一列的数字和。因此我们需要计算出所有数字的和以及行数。

2 魔方的转动和反射

设计好一个魔方后,很容易将它变换出一系列新的魔方。比如,如果我们先设计出一个如图 64 的魔方,在心里想象将它转动 90° 后,就能得到如图 65 的魔方。

6	1	8
7	5	3
2	9	4

图 64

8	3	4
1	5	9
6	7	2

图 65

继续转动 180° 和 270° ,又能从初始魔方变换出两个新的魔方。每一个新的魔方还能继续变换,得到的新魔方就像它在镜子里的反射。如图 66

所示，一个魔方和它镜子反射得到的新魔方。

6	1	8
7	5	3
2	9	4

2	9	4
7	5	3
6	1	8

图 66

如图 67 所示，是由 1~9 这 9 个数字组成的初始魔方，通过转动和反射得到的全部新魔方。

6	1	8
7	5	3
2	9	4

a

8	1	6
3	5	7
4	9	2

b

2	7	6
9	5	1
4	3	8

c

6	7	2
1	5	9
8	3	4

d

4	9	2
3	5	7
8	1	6

e

167

2	9	4
7	5	3
6	1	8

f

8	3	4
1	5	9
6	7	2

g

4	3	8
9	5	1
2	7	6

h

图 67

3 巴歇奇数阶魔方

下面给大家介绍一下 17 世纪时由法国数学家巴歇[①]发现的奇数阶魔方，也就是构成魔方的方块是奇数，如 3×3，5×5，7×7 等。巴歇的这种方法适用于 9 个方块的正方形，因此我们就从最简单的魔方开始介绍巴歇的这种方法。

我们用巴歇法先设计一个由 9 个方块构成的魔方，如图 68 所示，在由 9 个小方块构成的正方形中斜着分三行写上 1~9 这 9 个数字。

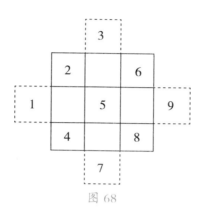

图 68

然后把正方形外面的数字写进其对面的方块中，但是仍在原来的行或者列上。这样就得到一个如图 69 的正方形。

2	7	6
9	5	1
4	3	8

图 69

运用巴歇法设计一个由 5×5 个方块构成的魔方，数字布置如图 70 所示：

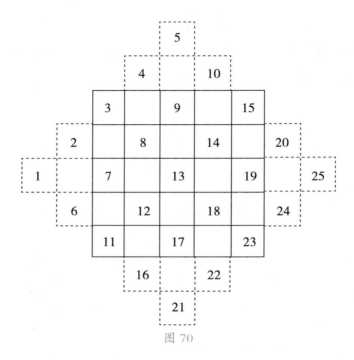

图 70

接下来的工作就是，将正方形外面由数字构成的部分，通过思考移动到它们对面的正方形的行列中去，然后得到一个由 25 个小方块构成的魔方，如图 71 所示。

3	16	9	22	15
20	8	21	14	2
7	25	13	1	19
24	12	5	18	6
11	4	17	10	23

图 71

这种看似很简单的方法，其原理却十分复杂，但是大家可以在实践中证明这种方法是完全正确的。

在得到一个由 25 个方块构成的魔方后，通过转动和反射又可以得到这个魔方的变体。

注　释

①克劳德－加斯帕·巴歇·德·梅齐里亚克（1581—1638），17 世纪法国著名的数学家。他第一个论述了连分式不定方程组，发现了魔方结构与算法，是"裴蜀定理"的最早发现人。

4　印度奇数魔方

巴歇法也被称为阶梯法，但并不是唯一由奇数个方块构成的魔方方法。还有一种据说是公元前由印度人发明的，十分古老但并不复杂的方法，可以简单地归纳为 6 条法则。

请先仔细阅读这 6 条法则，然后在实例中运用这个 6 条法则设计一个由 49 个小方块构成的魔方，如图 72 所示。

①在最上面一行的中间方块中写上 1，在最后一行中间方块偏右的那一列写上 2。

②剩下的数字按照对角线的方向朝右上依次写，如 2、3、4。

③写到最右边的时候，就转到它上面一行最左边的方块继续写，如 5、6、7。

④如果达到已经写有数字的方块，就转到最后一个被填写的方块下面继续写，如 8。

30	39	48	1	10	19	28
38	47	7	9	18	27	29
46	6	8	17	26	35	37
5	14	16	25	34	36	45
13	15	24	33	42	44	4
21	23	32	41	43	3	12
22	31	40	49	2	11	20

图 72

　　如果是写到了正方形右侧最上行顶角方块后，如 28，下一个数字写在下面方块中，如 29。

　　⑤如果写到了正方形最上边时，如 10，下一个数字写在右侧列最底行的方块中，如 11。

　　⑥如果最后一个被填写的方块位于最后一行，就转到这一列最上面的那个方块继续写。

　　按照这个 6 条法则就可以快速设计出任何一个由奇数方块构成的魔方了。

　　如果方块数不能被 3 整除，那么在设计魔方的时候可以不按照法则①，而是把数字 1 可以写在最左列中间方块和最上行中间方块构成的对角线中的任何一个方块内，其他数字按照法则②~⑤填入。

　　这样按照印度方法设计魔方时，可以做出好几个不同的魔方，如图 73 所示的是由 49 个方块构成的魔方。

32	41	43	3	12	21	23
40	49	2	11	20	22	31
48	1	10	19	28	30	39
7	9	18	27	29	38	47
8	17	26	35	37	46	6
16	25	34	36	45	5	14
24	33	42	44	4	13	15

图 73

5 偶数方块魔方

并不是所有由偶数个方块构成的魔方都有简单易行的方法，只有方块数可以被 16 整除的正方形，也就是一边上的方块数是 4 的倍数如 4、8、12 等，才有比较简单的构成魔方的方法。

可以先设定哪些方块是相互对称的，如图 74 中列举了用"×"和"○"两种符号表示的两对相互对称的方块。

可以看出来，位于上数第二行左起第四列的方块，与之相互对称的方块位于下数第二行右起第四列。如果你按照这个原则再找出几对相互对称的方块，就会发现位于对角线上的方块都是相互对称的。

举一个 8×8 个方块构成的正方形的例子，讲解用什么方法为这类正方形设计魔方。

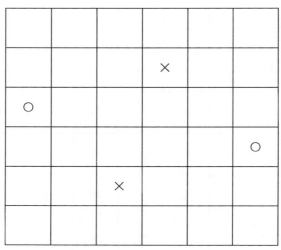

图 74

首先将数字 1~64 填入方块中，如图 75 所示。

1	2	3	4	5	6	7	8
9	10	11	12	13	14	15	16
17	18	19	20	21	22	23	24
25	26	27	28	29	30	31	32
33	34	35	36	37	38	39	40
41	42	43	44	45	46	47	48
49	50	51	52	53	54	55	56
57	58	59	60	61	62	63	64

图 75

在这个正方形中，两条对角线上数组的和是一样的，都等于 260，正好是 8×8 魔方对角线上数组的和。但是正方形中行和列数组的和则不同。

最上面一行数组和是 36，比 260 小 224；最下面一行，即第 8 行数组的和是 484，比 260 大了 224。仔细观察一下可以发现，第 8 行的每个数字都比它们同一列第 1 行的数字大 56，而恰好 224=4×56。这样就能推算出，如果第 1 行的四个数字与它们同列的第 8 行的数字相互交换，比如 1、2、3、4 与 57、58、59、60 互换位置，那么换后这两行的数组和就相等了。

但是别忘了，我们还需要同时让每列的数组和等于 224。按照数字最开始分布的位置，就像之前互换各行数字位置的方法，调换各列数字位置使各列数组和为 224，然而在已经调换了各行数字位置后就会变得比较复杂。

我们可以用下面的方法快速找到那些需要互换位置的数字。

首先，我们不是进行换各行的和换各列数字的两次置换，而是将相互对称的数字换位置（前面已经告诉大家什么是相互对称的数字了）。但是仅凭此法则还不行，因为我们不是调换所有数字的位置，而只是调换其中一半的数字，其余的数字不动，还是要待在原来的位置。那么到底要调换哪些数字到哪个位置呢？

根据下面的 4 条法则，问题就迎刃而解了。

①必须将魔方分成 4 个小正方形，如图 76 所示。

②在左上角的小正方形中，一半的小方块被标记上"×"，而每一行和每一列中都正好有一半小方块被标记。这种标记方法有很多，图 76 是其中一种。

③右上角的小正方形中标记的小方块，与左上角小正方形中，标有"×"的各方块相对应的方块中画"×"。

④再把标有"×"的方块中的数，逐个同相对称的数字互换位置。这样就得到一个如图 77 所示的由 8×8 个小方块构成的魔方。

1×	2	3	4×	5×	6	7	8×
9×	10×	11	12	13	14	15×	16×
17	18×	19×	20	21	22×	23×	24
25	26	27×	28×	29×	30×	31	32
33	34	35	36	37	38	39	40
41	42	43	44	45	46	47	48
49	50	51	52	53	54	55	56
57	58	59	60	61	62	63	64

图 76

64	2	3	61	60	6	7	57
56	55	11	12	13	14	50	59
17	47	46	20	21	43	42	24
25	26	38	37	36	35	31	32
33	34	30	29	28	27	39	40
41	23	22	44	45	19	18	48
16	15	51	52	53	54	10	9
8	58	59	5	4	62	63	1

图 77

实际上，对左上角内的小方块进行标记，同时又满足法则②的方法有很多种，这些不同的方法如图 78 所示。

a

b

c

d

图 78

你自己也能找出很多种调换左上角小正方形内方块位置的方法，再按照法则③和法则④继续构造，会得到好几个不同的由 64 个小方块构成的魔方。

按照教给大家的这种方法，就可以设计出由 12×12、16×16 个小方块构成的魔方了，建议大家尝试下。

6 魔方名字的由来

在距今 4 000~5 000 年的古代东方书籍上，第一次出现有关魔方的记载。古印度人对魔方开始有了深入的了解，魔方也由印度传入了阿拉伯，阿拉伯人认为魔方的数字组合具有神秘性。

在中世纪的西欧，魔方被炼金术、占星的代表人所掌握，加上受到古老迷信思想的影响而被命名为"魔方"——神奇的意思。占星师和炼金师相信刻着魔方的木板作为护身符使用可以辟邪。

设计魔方不只是为了娱乐消遣，它的理论也是众多数学家研究成果的结晶。魔方理论被应用于很多重要的数学问题中，例如解多元方程的方法就使用了魔方理论。

小贴士

魔方与中国的华容道、法国的独立钻石棋被称为智力游戏界的"三大不可思议"。魔方有很多种玩法，其中盲拧是每个魔方玩家的终极梦想，只看一眼魔方然后就凭记忆进行复原，且计时是从看魔方的第一眼开始，是对一个人的记忆力和空间想象力的极大考验。

1 科尼斯堡的七桥问题

【题】有一次，天才数学家欧拉被一道特别的问题吸引住了，这道题是这样说的："在科尼斯堡有一座小岛，叫内服夫，有两支河流环绕着这座小岛，两个支流上横跨着a、b、c、d、e、f、g七座桥（如图79）。能不能不重复经过其中任何一座而一次走过所有的桥呢？"

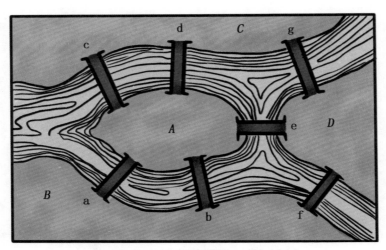

图 79

有人觉得这是可以实现的，但也有一些人持反对意见，觉得这个要求是实现不了的。那么，你觉得呢？

【解】欧拉进行了完整的数学研究，1736年，他把对科尼斯堡七桥问题的研究结果提交给了彼得堡科学院。研究论文开始就确定了类似问题所属的数学领域：

"几何学中有一个领域是研究测量大小及方法的，而且在古代就已经被仔细研究过。此领域外，布莱尼茨首先提出了被他称为'位置几何'的新领域。这一几何学领域研究的是图形各部分之间的相对分布次序，而不是它们的尺寸。[①]"

"不久之前我听说了属于'位置几何'的这个问题，现在我将用自己的方法来解答。"

欧拉指的就是科尼斯堡的七桥问题。

我们在这里不是要叙述这位伟大数学家的论证过程，而是能证明他的最终结论——问题中要求的走法是无法完成的——的简要思路。

我们用简化图（图80）更直观地来展现两支流的分布。我们知道拓扑学问题的特点是，它们与图形各部分的相对大小无关，因此在问题中，岛屿的面积和桥梁的长度没有意义。

我们可以在简化图中用 A、B、C、D 的点来替代道路交会处（参照图79）。现在问题就可以简化为：用一笔画出如图80中的图形，笔尖不能离开纸，线条也不能重复画两次。下面就向大家展示，为什么一笔是无法画出这个图形的。

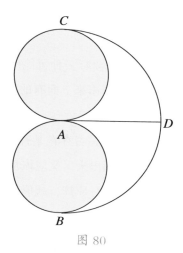

图 80

按照题中的要求，应沿着一条路到达 A、B、C、D 每个交叉点，然后再沿着另外的一条路离开，只有起点和终点例外，即起点不能到达，终点不用离开。也就是说，为了能够不中断地一笔画完图形，除了两点之外（这两点就是起点和终点），需要在所有的交叉点上分别汇聚两条或者四条路——简单地说就是偶数条线。而图中的 A、B、C、D 每一个点上汇聚的却是奇数条线。

所以，用一笔无法画出这个图形，也就是说，不重复经过其中任何一座而一次走过所有桥是实现不了的。

① 如今，在高等几何中这一领域被称为"拓扑学"，已经发展为一门广泛的数学科学。这一章提出的问题只是拓扑学的一小部分。

2 少量理论与一笔画练习

【题】请试着用一笔画出图 81 中的图形，要求在画的过程中，笔尖不能离开纸，不要画多余的线条，一条线不能重复画两次。

少量理论

用一笔画出图 81 中的图形时，会有多种可能的情况出现，如有的图形无论你从哪个起点开始画都能一笔画出来，而有的图形只能从特定的起点开始画，还有一种图形是一笔根本画不出来。

是什么造成了这些可能情况呢？是否存在某种特点，让人一看就能判断出图形是否能一笔画出来，如果能画出来，又应该从哪一点开始呢？

现在我们了解一下这一理论的部分原理，就能找到答案了。

我们先把汇聚了偶数条线的点称为"偶数点"，把汇聚了奇数条线的点称为"奇数点"。可以得出，不管是什么样子的图形，要么没有奇数点，要么就有偶数个奇数点，如 2 个，4 个，6 个等。

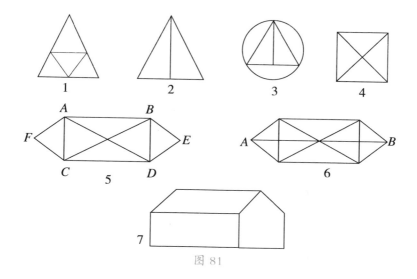

图 81

如果图形中没有奇数点，那么它从任何地方开始画都能一笔画出来，如图形 1 和图形 5。

如果图形中只有一对奇数点（也就是两个奇数点），那么这个图形从奇数点开始也是可以被一笔画出来的，如图 2、图 3、图 6。不难想到，画这个图形是从一个奇数点开始到另外一个奇数点结束，如图 6 中从 *A* 点或从 *B* 点开始画。

如果图形中有超过一对的奇数点，那么它就完全不能一笔画出来，如图 4 和图 7 中，都有两对奇数点。

综上所述，就能分辨出哪些图是不能一笔画出来的，哪些图能画以及要从哪一点开始画。B. 阿伦斯教授建议遵循以下规律："给定图形的已画好线条应当认为是不存在的，在选择下一条线时应当注意，如果把这条线从图上抹去的话，图形还能保持完整不分裂。"

如果图形 5 先按照 *ABCD* 的路线开始画，画 *DA* 线的时候就剩下图 *ACF* 和图 *BDE* 没有画，但是这两个图形不相连，也就是说，图形 5 是分裂的，那么画完图 *ACF* 后就没有办法再继续画图 *BDE*，因为没有既连接两个图形又没有被画过的线了。所以，如果想按照 *ABCD* 的路线开始画，就不能先画 *DA*，而是应该画 *DBED*，然后再沿着 *DA* 线画图形 *ACF*。

【解】见图 82。

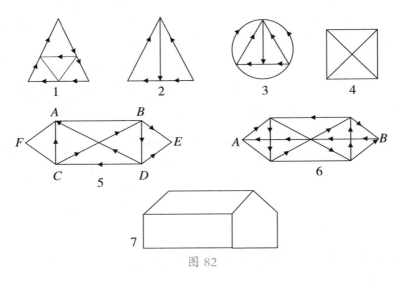

图 82

【题】请一笔画出图 83 中的图形。

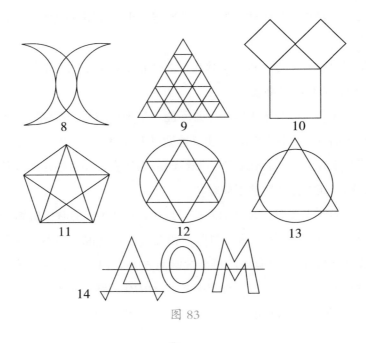

图 83

【解】如图 84 所示。

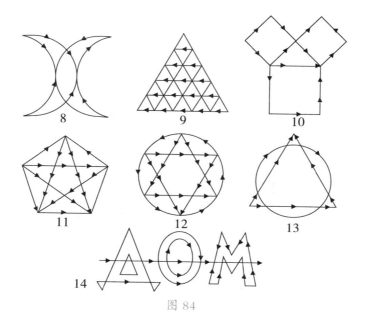

图 84

3 圣彼得堡十七桥问题

【题】我们在最后推出趣味科学迷宫殿数学大厅中的一件陈列品。题目是这样的:在圣彼得堡地区图中（如图 85 所示），可以看到所有地段被十七座桥连接起来，要通过十七座桥，但是每座桥不能走两次。十七桥的问题与科尼斯堡的七桥问题不同，因为这次的走法是能实现的，而且大家通过前面的题也具有了足够的理论知识，可以独立解决这个问题。

图 85

【解】如图 86 所示。

图 86

1 车轴中的几何谜题

【题】为什么大车的前轴比后轴更容易磨损呢？

【解】第一眼看上去，题目似乎与几何无关。但是，几何的精髓也正在于此，即几何的本质就掩藏在题目无关细节的伪装下。毫无疑问，这道题实际就是个几何问题，不用几何学知识就没办法解答。

那么，到底为什么大车的前轴比后轴更容易磨损呢？大家都知道，后轮比前轮大，同等距离条件下，大圆比小圆转的圈数要少，因为小圆的圆周小，因此长度相同时就要转更多圈。现在我们明白了，大车的前轮小，运行时前轮转的圈数更多，所以前轴就更容易磨损了。

2 它们到底有几个面

【题】六棱铅笔共有几个面？你可能会觉得这道题很幼稚或者很费解。先自己认真想一想再看答案。

【解】这个问题其实存在着一个通常叫法的陷阱，所谓的六棱铅笔并不是只有6个面，而是更多。如果铅笔没有被削，一共是8个面——6个侧面和前后两个小端面。如果六棱铅笔真如名称那样有6个面的话，那它就应该是一个截面是矩形的小棍的样子。

我们通常在数棱镜的时候只看侧面，忽略其底面，就像常说的"三棱镜""四棱镜"，其实应该根据地面的形状命名为"三角棱镜""四角棱镜"更准确。所谓的三棱镜，即有三个面的棱镜，实际上是不存在的。

因此，题目中所说的"六棱铅笔"正确的叫法应该是"六角铅笔"。

3 图中画的是什么

【题】特殊角度使图 87 中的物品看起来有点奇怪，很难猜到是什么，但它们确实是我们日常生活中常见的物品。请仔细想一想，图 87 中画的是什么？

【解】图中画的是剃须刀、剪刀、叉子、怀表、勺子的特殊角度。通常，我们观察物体时习惯看它的平面投影，垂直于光线。但是图中所展示的并不是通常所熟悉的投影，所以这些常见的物品看起来变得很陌生。

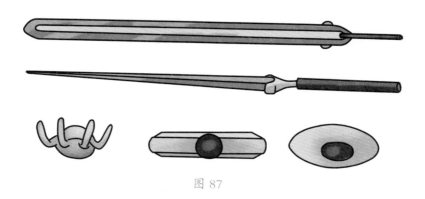

图 87

4 一个搭桥问题

【题】如图 88 所示，桌子上摆放着三只杯子，它们彼此之间的距离比放在它们中间的刀子的长度要长。要求用三把刀子搭成小桥，把所有杯子连在一起。但是，不能移动杯子，也不能使用杯子和刀子之外的物品，你能做到吗？

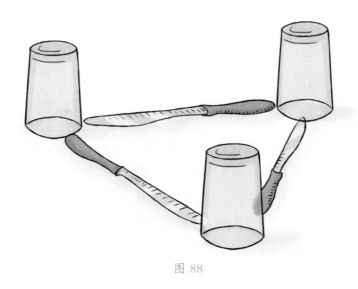

图 88

【解】完全可以做到，如图 89 那样摆放。把每把刀子的一端搭在杯子上，另一端搭在另一把刀子上，刀子之间互相支撑就可以了。

图 89

5 一个塞子堵三个孔

【题】如图 90 所示，木板上挖了六排孔洞，每排三个，需要用某种材料为每一排都削出一个塞子，把这排的三个孔都堵上。

第一排的塞子比较容易做，用图中的长方块就可以，剩下五排的塞子会比较难做。但是，按照元件的三个投影，每个与技术图纸打过交道的人都能把剩下的塞子制造出来。

图 90

【解】如图 91 所示，就是符合要求的塞子。

图 91

6　找出适用的塞子

【题】图 92 中的小木板上有三个孔，分别为正方形孔、三角形孔、圆形孔。存在一个能堵住所有孔的塞子吗？

图 92

【解】一个堵住所有孔的塞子是存在的。如图 93 中展示的那样，这个塞子确实能堵上正方形、三角形、圆形的孔。

〔192〕

图 93

7 找出第二种适用的塞子

【题】如果你已经解决了上一个塞子的问题，那么你也一定能找出堵上图 94 中的所有孔的塞子。

图 94

【解】如图 95 就是都能堵上圆形、正方形和十字形的塞子，图中展示的是它的三个侧面。

图 95

8　找出第三种适用的塞子

【题】如图 96 所示，存在能堵住三角形、正方形、T 形孔的塞子吗？

图 96

【解】存在这样的塞子，如图 97 所示。这些题目是绘图员经常遇到的问题，绘图员会根据某个机器零件的三个投影来确定它的形状。

图 97

9　哪个杯子容量更大

【题】第一个杯子的高是第二个杯子的两倍，第二个杯子的宽是第一个杯子的 1.5 倍，你知道哪个杯子的容量更大吗？

图 98

【解】第二个杯子，即矮的杯子的容量更大。高度相同时，宽 1.5 倍的杯子的容量会大 2.5 倍。因为第二个杯子只矮了一半，所以它还是比第一个杯子的容量大。

10 两口锅的质量

【题】有两口铜锅，形状相同，锅壁厚度也一样，但是第一口锅的容量是第二口锅的 8 倍，那么第一口锅比第二口锅重几倍？

【解】如果大锅比小锅的容量大 7 倍，那么大锅在高度和宽度两个方向上的尺寸就大 1 倍。既然高和宽都大 1 倍，那么表面积就应该大 3 倍。因为这两口锅是几何相似物体，它们的表面积相当于同尺寸的方形，在锅壁厚度相同的条件下，锅质量的大小取决于表面积的大小。因此，可以得出答案：大锅比小锅重 4 倍。

11 四个立方体怎么分配

【题】如图 99 所示的四个实心的正方体，是用同一种材质制作出来的，高度分别是 6 厘米、8 厘米、10 厘米和 12 厘米，把它们放在天平上并且让天平保持平衡。那么，天平的两端分别放哪几个正方体呢？

【解】一个托盘上放三个小的正方体，另外一个托盘上放最大的正方体。不难得出，两端重量相同才能保持天平平衡，因此只需要证明三个小正方体的重量等于最大的那个正方体的重量，可以从下面的等式中得出：

$$6^3 + 8^3 + 10^3 = 12^3，即 216 + 512 + 1\,000 = 1\,728。$$

图 99

12 怎么装半桶水

【题】往一个开口的大桶中注水，看起来好像装到了一半，但是你需要确定桶里的水是否正好装到了一半，而不是多一些或者少一些。你手边既没有小棍也没有任何可以测量的仪器。

那么，你用什么办法来确定桶里的水正好装到了一半呢？

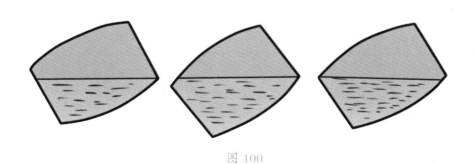

图 100

【解】有一个最简单的方法：把大桶倾斜，让水达到桶口的边缘，如图100。如果这样还能看见桶底，说明水还没有装到桶的一半。

相反，如果桶底比水面低，说明水超过一半了；如果桶底的上沿正好在水面上，说明水装到了一半。

13 哪个盒子更重

【题】两个一样的正方形盒子，如图101所示。左边盒子里放着一个大铁球，直径与盒子的高度相同；右边的盒子里，如图中排列的那样装满了小铁球。

请问，哪一个盒子更重呢？

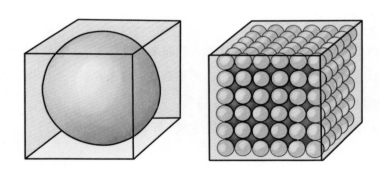

图 101

【解】图中右边的正方形盒子可以看作是由小立方体组成的，在每个小立方体中放进去小球。不难看出，大球在正方形盒子中所占空间的比例与每个小球在小立方体中所占的比例相同。

可以知道小球和小立方体的数量是：6×6×6=216。216个小球占216个小立方体的体积比例相同，相当于一个小球占一个小立方体，也就是一个大球占一个立方体。由此得出，两个正方形盒子中都装了相同数量的金属球，那么两个盒子的重量也相同。

14 稳定的三脚支架

【题】有人认为，三条腿的桌子永远都不会晃，即使这三条腿都不一样长。这是真的吗？

【解】确实是真的。这不是一道物理题，而是一道几何体，因为三点只能确定平面，而且只有一个，就算是三条腿的桌子，桌腿的底端也是要触到地面的，这就是三条腿的桌子不晃的原因。

正因如此，土地测量仪、相机使用三脚支架更方便。如果是四条腿反而变得不太稳固，总让人担心它晃动。

15 数数有多少个矩形

【题】在图 102 中，你能数出有多少个矩形吗？

你不要先着急数，而是要注意问题的细节——要求的是所有矩形的数量，而不是正方形。所以不论大的还是小的，只要是在这个图中的都要数出来。

【解】图中一共能数出不同大小的矩形 225 个。

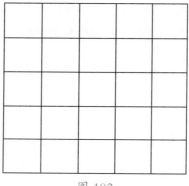

图 102

16 国际象棋棋盘上的正方形

【题】你可以在国际象棋的棋盘上数出多少个不同的正方形？

【解】国际象棋的棋盘上画着不止 64 个正方形，而是更多。除了第一眼看到的黑白小方块之外，还有分别由 4、9、16、25、36、49 和 64 个单个小正方形组成的黑白相间的正方形。总之需要如下计算：

单个的小正方形	64
由 4 个小正方形组成的	49
由 9 个小正方形组成的	36
由 16 个小正方形组成的	25
由 25 个小正方形组成的	16
由 36 个小正方形组成的	9
由 49 个小正方形组成的	4
由 64 个小正方形组成的	1
总计	204

由此得出，在国际象棋的棋盘上有204个大小各异且分布不同的正方形。

17 玩具砖有多重

【题】建筑用的砖重4千克，用同种材料制成长、宽、高分别是建筑用砖$\frac{1}{4}$的玩具砖有多重？

【解】如果你马上说玩具砖是建筑用砖的$\frac{1}{4}$，就是重1千克，那就错得离谱了。玩具砖不仅长度是建筑用砖的$\frac{1}{4}$，宽度也是$\frac{1}{4}$，高度也是$\frac{1}{4}$，那么体积就是建筑用砖的$\frac{1}{4} \times \frac{1}{4} \times \frac{1}{4} = \frac{1}{64}$。所以，玩具砖的重应该是$4 \times \frac{1}{64} = 0.0625$千克，即62.5克。

18 巨人、矮子和体重

【题】身高2米的巨人比身高1米高的矮子重几倍？

【解】经过上面问题的练习就能比较容易得出答案了。

不管是巨人还是矮子，人的身体形状是相似的，所以身材高1倍的人，体积不是大1倍而是7倍，这就得出巨人比矮子重7倍。

有记录显示，最高的巨人的身高是275厘米，他比中等身高的人高出整整100厘米，而最矮的矮子还不足40厘米，也就是说，矮子身高约是巨人身高的$\frac{1}{7}$。如果让巨人站在天平的一端，为了保持天平平衡，另一端需要站$7 \times 7 \times 7 = 343$个矮子。

19 沿着赤道走一圈

【题】如果可以，我们沿着赤道走一圈，头顶经过的距离比脚走过的距离要长，请问，距离相差多少？

【解】如果一个人的身高是 175 厘米，地球的半径为 R，可以知道：

$2 \times 3.14 \times (R+175) - 2 \times 3.14 \times R = 2 \times 3.14 \times 175 \approx 1\,100$ 厘米，即 11 米。

让人惊讶的是，所得出的结果与地球的半径没有关系，不管你是在地球上还是在一个小球体上。

20 放大镜中角的度数

【题】如图 103 所示，透过 4 倍放大镜观察一个 1.5° 的角，这时角的度数是多少？

图 103

【解】如果你的答案是，放大镜里角的大小是 1.5°×4=6° ，那么就大错特错了。因为透过放大镜看时，角的大小是完全没有扩张的。量角的弧度在透过放大镜时确实是变大了，但同时弧的半径也扩大了相同的倍数，所以这个角的大小是不变的，如图 104 所示。

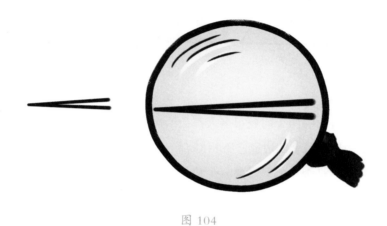

图 104

21 形状是否相似

【题】这道题是为那些了解什么是几何相似的人准备的，请回答下面的问题：

①如图 105 所示，外面的三角形和里面的三角形相似吗？

②如图 105 所示，画框外面的四边形和里面的四边形相似吗？

图 105

【解】题目中的两个问题很多人都会给出肯定答案，但其实只有三角形相似，画框中里外两个四边形并不相似。

判定三角形是否相似只需要三个角相等就可以了，因为内外两个三角形的三边平行，那么图形就相似。但是对于普通的多边形来说，只有角相等或者只有边平行是不够的，还需要多边形的边成比例。画框内外的四边形只有都是正方形（总之是菱形）时才行。

如果有其他情况，内外四边形的边不成比例，它们就无法相似，如图106 所示。左图中外面的长方形，边的比例是 2:1，而里面长方形边的比例是 5:1；右图中，外部长方形边的比例是 4:3，内部长方形边的比例是 2:1。

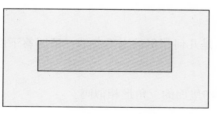

图 106

22 从明信片看塔的高度

【题】我们的城市里有一座高塔是名胜古迹，但是你并不知道它的高度，而你只有一张印着塔照片的明信片。你从这张明信片上能知道塔的高度吗？

【解】仅仅通过明信片上的照片得出塔的实际高度，首先需要尽可能准确地量出照片上塔的高度和底座长度。

假设量出的照片上塔的高度是 95 毫米，底座长 19 毫米，然后再测量出底座的实际长度是 14 米。在得到这些数据后，你要这样思考，塔的照片与实际的轮廓是彼此几何相似。因此，照片上塔的高度比底座长几倍，那么实际高度就比底座长几倍。从之前测量的数据中可以得到这个比例是 95:19，即 5。所以可以得到，塔高是底座长的 5 倍，实际的塔高是 14×5=70 米。

但是，不是所有的照片都可以，只有那些比例不失真的照片才适用于确定塔高。这也是没有经验的摄影师常犯的失真错误。

23 能排多长

【题】许多个 1 平方毫米的小方块组成一个 1 平方米的正方形，然后把所有 1 平方毫米的小方块一个挨一个地展开，排成的长度有多长？

【解】1 平方米里应该有 1 000×1 000 个平方毫米，每 1 000 个平方毫米彼此相连形成 1 米，1 000 个这样的 1 000 个平方毫米就形成 1 000 米，即 1 千米。所以，把所有 1 平方毫米的小方块一个挨一个地展开能排 1 千米长。

24 摞成一摞有多高

【题】如果把组成 1 立方米的所有 1 立方毫米的小方块，一个一个地摞起来，能摞多高呢？

【解】答案让人大吃一惊，摞起来的高度达 1 000 千米。

下面我们口算一下，1 立方米包含 1 000×1 000×1 000 个立方毫米，每 1 000 个立方毫米摞成 1 千米，1 000 倍，就是 1 000 千米。

25 砂糖和方糖的质量

【题】同样的一杯砂糖和一杯方糖哪个更重？

【解】这道题看起来很费解，但是你仔细想一下就会发现很容易回答。假设方糖的宽度比砂糖的宽度大 100 倍，那么把所有的砂糖连同装它们的杯子一起扩大 100 倍，那么杯子的容量就扩大 100×100×100 倍，即 100 万倍，相应的所装的糖的重量也扩大 100 万倍。

想象一下，倒一杯正常容量的放大的砂糖，也就是巨型杯子的百万分之一。其实，我们倒出来的扩大的砂糖正是方糖。因此说明，同样的一杯砂糖和方糖的重量相同。如果扩大的不是 100 倍，而是其他的倍数，答案也是一样的。

推算的关键在于，要把方糖块看成砂糖块的几何相似形，而且分布形式也相同。尽管假设并不是完全严谨的，但是与实际情况相差无几，而且这里说的仅是方糖，而不是块糖。

26 苍蝇爬行的最近路线

【题】一滴蜂蜜滴落在一个玻璃圆柱形罐子内壁上，距罐子上沿 3 厘米，一只苍蝇趴在罐子外面蜂蜜正对面的点上，如图 107 所示。这个圆柱形罐子高 20 厘米，直径 10 厘米，请给苍蝇指出一条能爬到蜂蜜的最近的路线。

别指望苍蝇自己找到最近的路爬过去，除非它掌握了几何知识，但这对苍蝇来说太难了。

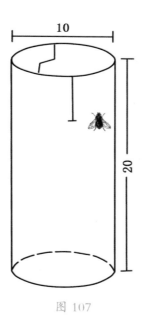

图 107

【解】为了方便解题，我们先把这个圆柱形罐子侧面展开，形成一个矩形平面，如图 108a 所示，高 20 厘米，底边正好是罐子的周长，即 $10 \times 3\frac{1}{7} \approx 31\frac{1}{2}$。

我们在这个矩形图上找到苍蝇和蜂蜜的位置：苍蝇在距离底边 17 厘米的 A 点，蜂蜜在与 A 点高度相同的 B 点，距离 A 点有半个圆周的距离，即 $15\frac{3}{4}$ 厘米。

现在通过下面方法来确定，苍蝇应当从罐子边缘上的哪一点爬过去。

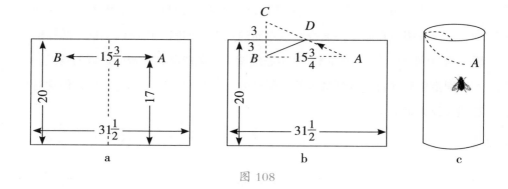

图 108

从 B 点（图 108b）画一条垂直于矩形上边缘的直线，与上边缘相交后继续延伸，画出相等的距离得到 C 点。用直线连接 A 点和 C 点，所得到的 D 点即为苍蝇爬到罐子另一侧应该经过的点，路线 ADB 就是最短的路线。

在展开的矩形上找到了最短路线，然后卷起来，就能看出苍蝇最快到达那滴蜂蜜要怎么爬。

27 虫子的最近路线

【题】路边有一块切割好的长 30 厘米，宽、高各 20 厘米的花岗岩石块，如图 109 所示。虫子在 A 点，它想走最近的路到 B 角，要怎么走呢？路程有多长？

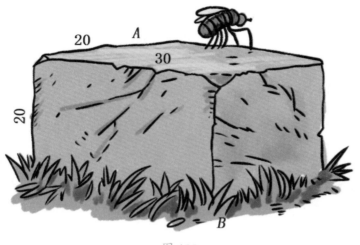

图 109

【解】想象一下，把石头的上表面展开，与前表面形成一个平面，如图110所示，这样就很容易确定最短的路线了。显然，最短的路线是连接 A 与 B 的直线，那么这条线路有多长呢？

如图 ABC 是一个直角三角形，AC=40 厘米，CB=30 厘米，根据勾股定理，AB=50 厘米，因为 $30^2+40^2=50^2$。所以最短的路线 AB=50 厘米。

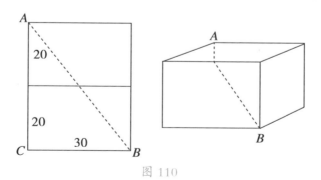

图 110

28 野蜂的旅行时间

【题】一只野蜂从自己的巢穴出发去远行，一路向南飞，飞过小河，飞了一个小时后开始沿着布满芬芳的三叶草山坡下落。野蜂在这里从一朵花上飞到另外一朵花上，停留了半个小时。

现在，野蜂想去昨天发现的山坡的西面醋栗花园，它急急忙忙往花园飞，过了 $\frac{3}{4}$ 小时野蜂飞到了花园。此时醋栗花开得正盛，想要采遍所有花丛需要 $1\frac{1}{2}$ 小时。然后，野蜂要马不停蹄地沿着最近的路飞回巢。

野蜂在外面待了多长时间？

【解】如果能知道野蜂从醋栗花园飞回巢所花费的时间，那么这道题就很容易解答了。虽然题目中并没有给出这个时间，但是我们可以通过几何来算出这个时间。

先画出野蜂的飞行路线。

从题目中得知，野蜂先一路向南飞了 60 分钟，然后向西飞了 45 分钟，也就是拐了个直角向前飞，再沿着"最近的路"，即沿直线飞回巢，这样就得到了一个直角三角形 ABC。其中已知 AB 和 BC 边，求 AC 边就可以了。

在几何学中，如果一条直角边长是一个数的三倍，另一条是四倍，那么第三条边应该正好是五倍。例如，如果直角三角形中两条直角边分别是 3 厘米和 4 厘米，那么斜边就等于 5 厘米；如果直角边分别是 9 千米和 12 千米，那么斜边就等于 15 千米，以此类推。

在本题中，一条直角边是 3×15 分钟的路程，即 45 分钟的路程；另一条是 4×15 分钟的路程，即 60 分钟的路程，由此可以得出斜边是 5×15 分钟，即 75 分钟的路程。所以，野蜂从花园飞回巢花了 75 分钟，也就是 $1\frac{1}{4}$ 小时。

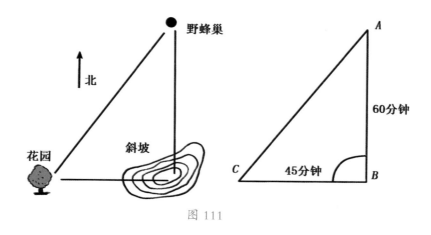

图 111

现在就比较容易算出野蜂离巢飞了多长时间：

$$1小时 + \frac{3}{4}小时 + 1\frac{1}{4}小时 = 3小时$$

它停留的时间是：$\frac{1}{2}$ 小时 + $1\frac{1}{2}$ 小时 = 2 小时。

总共的时间是：3 小时 + 2 小时 = 5 小时。

29 "牛皮大小"的迦太基城地基

【题】有一个关于古城迦太基的传说。基尔王有一个女儿叫迪多娜，她的丈夫被她哥哥杀害了，她和许多基尔人一起逃到了非洲，在非洲北岸登陆。在这里，她要向努米底亚王买一块"牛皮大小"的土地。交易完成后，她把牛皮裁成了小细条，利用这种手段买到了足够建造要塞的土地。这就是传说中的迦太基要塞，后来在要塞上发展出城市。

如果牛皮的表面积是 4 平方米，迪多娜裁出的牛皮条宽 1 毫米，请根据这个传说计算出要塞的面积。

【解】牛皮的面积是 4 平方米，也就是 400 万平方毫米，牛皮条宽 1 毫米，那么裁出的细条总长度就是 400 万毫米，即 4 000 米（迪多娜应该是螺旋裁的细条）。这么长的细条能围成 1 平方千米的正方形土地，或者约 1.3 平方千米的圆形土地。

① 用脚步量路程

人们不会经常把尺子或者带子带在身上，所以最好学会不用它们就能度量，哪怕是近似的度量也好。

用脚步量是测量一定程度长距离时最简单的方法，比如旅游时。因此首先需要知道自己的步长，还要能数出步子。当然，我们可以走小步，也可以跨大步，步子不总是一样的。但是，在日常行走中，我们的步长还是近似相等的，只要知道步子的平均长度，就能用步子量出大致的距离了。

想要知道自己的平均步长，先要量出很多步子的总长度，然后算出一步的长度，可以借助卷尺或细绳。

先用卷尺量出 20 米的长度，在地上画出这段距离，然后收起卷尺，用平常走路的步子沿着这一条线，从一头走到另一头并数出步子。不一定能用正好完整的步子走完这一段距离，如果剩下不足半步，就可以不计；如果超过半步，就按照一整步算。然后用 20 米除以步数，就能得出一步的平均长度。记住这个平均步长，可以在需要的时候用它进行测量距离。

为了避免在走长距离时步数数乱，可以用这个方法数。步数数到 10 的时候，就弯一根左手手指，当左手的手指全部弯起来时，也就是走了 50 步的时候，这时弯一根右手的手指，可以数到 250。之后再重新开始，但是要记清楚右手手指全部弯起来几次。例如，走一段距离时你右手的手指全部弯起来两次，到达终点时右手有三根手指是弯曲的，左手有四根手指是弯曲的，那么你一共走的步数就是：$2 \times 250 + 3 \times 50 + 4 \times 10 = 690$ 步，还应该再加上左手最后一根手指弯起来后剩下的步数。

顺便指出一条古老的规律：成年人的平均步长等于地面到眼睛的距离的一半。

另一条关于步速的实践规律：一个人在 1 小时内走过的米数等于他在 3

分钟内走的步数。这条规律只对一定步长且是相当大的步子才适用。

假设步长 x 米，3 分钟内走的步数是 n，那么步行 3 分钟就走了 nx 米，步行 1 小时（即 60 分钟），就是 $20nx$ 米，可以得出下面的等式：$20nx=n$，由此得出 $x=0.05$ 米。

2 身体上的活尺子

如果身边没有尺子，又想测量中等尺寸的物体时该怎么办？可以用拉紧绳子的方法或用伸直手臂的一端到另一侧肩膀的距离来测量，如图 112 所示。如果是成年男性，这个长度大约为 1 米。

图 112

还有一种方法可以得到大约 1 米的长度。按一条直线量出 6 个虎口，即拇指与食指张开的最大距离，如图 113 a。这种方法也让我们认识了徒手测量的艺术。因此，需要先量出自己虎口的长度并记牢。

那么要怎么测量自己的手呢？如图 113 b，先量出手掌的宽度，成年人的长度约 10 厘米，如果你的小一些，那么就要记住小多少。然后量出中指与食指张大时指尖最远的距离，如图 113 c；然后，还需要知道自己食指的长度，要从拇指的根部开始算，如图 113 d；最后按照图 113 e 那样测出拇指与小指张大时最远的距离。

然后，你可以用自己的"活尺子"对小物体进行测量了。

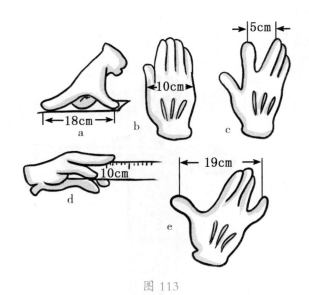

图 113

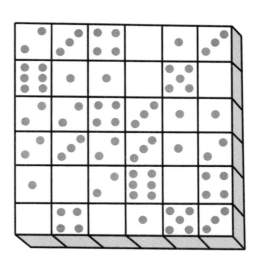

1 28块多米诺骨牌组成的链条

【题】28块多米诺骨牌[①]，为什么可以按照游戏规则摆成一个不间断的链条？

【解】为了方便解答问题，我们先将七张点数重复的骨牌按照0-0、1-1、2-2这样放在一边，在剩下的21张骨牌上每个数字重复出现了6次，比如点数4就出现在骨牌4-0、4-1、4-2、4-3、4-5、4-6上。

可以看出，每个点数重复的次数是偶数。因此我们可以推断出，这些骨牌可以排列在一起，而且相接处的数字都相等。当把21块骨牌不间断地排列成一个链条后，再把那7张骨牌放进0-0、1-1、2-2等接头处。这样所有的28张骨牌就按照游戏规则不间断地排列成了一个链条。

注　释

①题目中讲的是俄式骨牌，每副28张，每张牌上都对应刻有各种数字的圆点。每张牌的点数分为从0-0、0-1…6-5、6-6两部分，见本章插图。

2 链条开头和结尾的数字

【题】28块多米诺骨牌排列成行后，一端的骨牌点数是5，请问另一端的点数是多少。

【解】由28块骨牌组成的链条首尾两端数字是一样的，这很容易证明。

因为链条内的数字都是成对的，如果不相等，这个数字就不可能出现偶数次。我们知道，骨牌上的每个数字都重复了 8 次，也就是偶数次，所以链条首尾两端的数字应该相同，如果不相等就不对了。这在数学上叫"反证"。

根据链条这个特性还可以得出一个有趣的结论：28 张骨牌组成的链条总是可以首尾相接形成一个环形。因此，在遵守游戏规则的前提下，28 张骨牌以任何一张骨牌为首尾都可以形成链条，而且还可以成为一个封闭的环形。

那么，组成这样的链条或者环形有多少种方法呢？不用进行复杂的计算，这样的方法非常非常多，超过 7 万亿，准确地说是 7 959 229 931 520 种。

这个结果是由 $2^{13} \times 3^8 \times 5 \times 7 \times 4\ 231$ 得来的。

3 多米诺骨牌的魔术

【题】28 张多米诺骨牌被你的朋友拿走一张，而且还让你用剩下的 27 张排列成链条，由此来证明不管拿走哪一张骨牌，链条仍然可以排列出来。他为了不看你排列出的链条，就躲进了另外的房间。

你开始摆放，并且证明了他的想法是正确的，即 27 张骨牌排列成一个链条。更让人惊奇的是，你的朋友躲在另外的房间并没有看到你摆放骨牌，但是他仍然说出了两条两端骨牌的点数。

请问，他是怎么做到的？他为什么那么确定用 27 张骨牌也可以摆出一个不间断的链条呢？

【解】现在给大家揭示答案。通过前面的题我们知道 28 张骨牌可以组成一个封闭的环形，如果这个环形中的某一张骨牌被拿走，那么：

①剩下的 27 张骨牌组成一个断开的不间断的链条；

②被拿走的骨牌上的数字就是这个链条两端的数字。

这就是即使一张骨牌被拿走，也能猜测出剩下的骨牌组成链条首尾两端的数字点数的原因。

4　骨牌正方形框

【题】图114中画的是一个正方形框，按照游戏规则将所有的多米诺骨牌排列好。正方形框的每条边的长度相等，而骨牌点数的和并不相等：上框和左框的骨牌点数和都是44点，剩下的两条框的骨牌点数和分别是59点和32点。

那么，你能摆出一个每条框上的骨牌点数和为44点的正方形框吗？

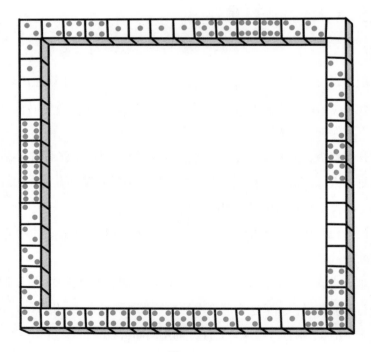

图 114

【解】所求正方形的四边框上骨牌点数总和为 44×4=176 点，比一套（28 张）骨牌点数和还要大 8 点，这是因为在正方形四角上的骨牌点数被计算了两次，因此可以得出正方形框四角上骨牌点数的和是 8 点。虽然知道四角点数的和有助于我们解答本题，但是找出题目中要求的正方形还是比较难的，答案可以直接看图 115。

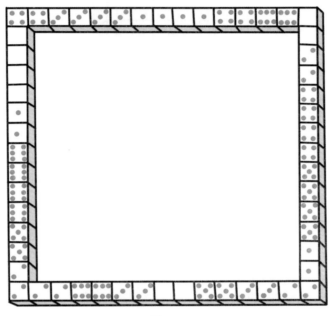

图 115

5 七个骨牌正方形

【题】选出四张多米诺骨牌拼成一个小正方形，并且正方形每条边上的骨牌点数和相等。

如图 116 所示，骨牌拼成的正方形中，每条边上的骨牌点数和都是 11 点。你可以用一套骨牌同时摆出 7 个这样的正方形吗？不要求 7 个正方形的每条边上的骨牌点数和相等，只要每个正方形的每条边上的骨牌点数和相等就可以。

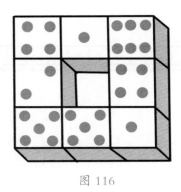

图 116

【解】摆放的方法有很多种，下面举出两个例子。

第一种方法，如图 117 上：

一个正方形各边点数和为 3，

两个正方形各边点数和为 9，

一个正方形各边点数和为 6，

一个正方形各边点数和为 10，

一个正方形各边点数和为 8，

一个正方形各边点数和为 16。

第二种方法，如图 117 下：

两个正方形各边点数和为 4，

两个正方形各边点数和为 10，

一个正方形各边点数和为 8，

两个正方形各边点数和为 12。

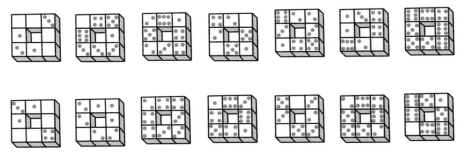

图 117

6 多米诺骨牌魔方

【题】如图 118 所示，一个由 18 块骨牌组成的正方形，而且这个正方形的横向、纵向、对角线方向上的骨牌点数和相同，都是 13 点，这样的正方形有个古老的名称叫"魔方"。

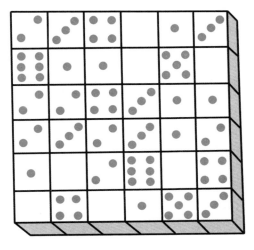

图 118

现在，请你也用 18 块骨牌组成几个魔方，要求每个魔方的每一行列的骨牌点数和都不能相等。由 18 块骨牌组成的这一系列魔方中，点数和最小是 13，最大是 23。

　　【解】如图 119 所示的魔方，各行、各列以及对角线的骨牌点数和为 18 点。

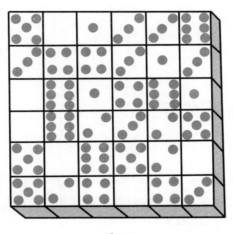

图 119

7 多米诺骨牌构成的等差级数

　　【题】如图 120 所示，6 块按照游戏规则摆好的多米诺骨牌，每张骨牌两个部分的点数相加都比前一张大 1。这几张骨牌，第一张的点数是 4，接下来依次为 5、6、7、8、9。

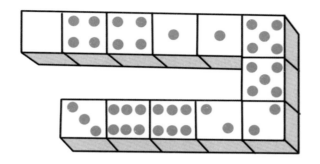

图 120

这一系列数字，如果从第二项开始，以下任一项与前一项的差恒等的级数，就叫等差级数。在这个数列中，每一个数都比前一个数大 1，而等差级数中的差值可以是任何数，那么请用这 6 张骨牌再组成几个其他的等差级数。

【解】下面举一个等差级数为 2 的例子：

① 0-0，0-2，0-4，0-6，4-4（或 3-5），5-5（或 4-6）。

② 0-1，0-3（或 1-2）；0-5（或 2-3），1-6（或 3-4），3-6（或 4-5），5-6。

6 张骨牌可以组成 23 个等差级数，这些等差级数的第一张牌如下：

①当差为 1 时：

0-0，1-1，2-1，2-2，3-2，

0-1，2-0，3-0，3-1，2-4，

1-0，0-3，0-4，1-4，3-5，

0-2，1-2，1-3，2-3，3-4，

②当差为 2 时：

0-0，0-2，0-1。

1 悬赏重排编号

【题】装有 15 个有编号的滑块盒子非常流行，德国数学家阿伦斯还讲了一个关于这个盒子的有趣故事。

大约在 19 世纪 70 年代末，美国兴起了"重排 15"的游戏，依靠无数的热心玩家，这个游戏迅速泛滥成为一种社会"灾难"。

这场"灾难"也波及大洋彼岸的欧洲，车厢里的乘客们也都拿着装有 15 个滑块的盒子。办公室主管和商店经理对下属整天沉迷于这个游戏忍无可忍，只好强行要求员工在上班和营业时间内禁止玩这个游戏。但是娱乐机构的老板们却抓住了人们的这个癖好，迅速举办了多场大型的游戏竞赛。这个游戏甚至进入了严肃的德国国会大厦，当时的国会议员、地理学家和数学家甘特·格蒙德在回忆如瘟疫般流行开来的游戏时说："正如我们看到的，就连头发花白的老人都沉迷在自己手里的盒子中。"

在巴黎，这个游戏仿佛沿着光天化日下的林荫道迅速从首都蔓延到各个地方，当时一个法国人这样写道："这个游戏就像一个最会钻营和潜藏的蜘蛛，哪怕在偏僻农村的小屋里，都有它布下的等猎物投入的罗网。"

1800 年，人们对这个游戏的狂热达到了顶峰，但是之后不久，这个"灾难"被数学战胜了。因为数学告诉狂热的人们一个道理：在浩瀚的题海中，不是所有的题都能解的，有一些题就算天才也解不出来。这也是为什么"重排 15"这个游戏能激起人们旷日持久的热情，为什么竞赛组织者敢拿出巨额奖赏求解答。在这一点上，游戏的发明者——塞缪尔·劳埃德，比其他人要高明得多，他曾经建议纽约报纸的出版商在周末加长版中刊印出这个无解的游戏，并悬赏 1 000 美金求解。如果出版商不出，发明者表示随时准备自掏腰包提供赏金。

图 121 "赏金 1 000 美元重排编号"的难题

塞缪尔·劳埃德因为想出了这个绝顶聪明的难题和很多类似的难题而名声大噪，但是他在美国并没能成功获得这个游戏的专利证书。因为按照法律规定，他应该提供"工作模型"以便制作更多的样品。当专利局的人问他这个游戏题是否能解答时，他回答说："不能，这在数学上是解答不出来的。""如果是这样的话，"专利局的官员说，"那工作模型也不会有，没有模型是拿不到专利的。"劳埃德对这个结果并无异议，但是如果他能预见到这个游戏日后取得了如此轰动的成功，他会更加坚持得到专利的。[①]

下面我们引用塞缪尔·劳埃德本人在传记中对这件事的一些记载。

那些文明国家里，一些年长的人会记得在 19 世纪 70 年代初，我是如何让全世界的人疯狂着迷于一个装有滑块的盒子，后来这个游戏以"重排 15"而著名。如图 123 所示，15 个滑块按顺序摆放在盒子里，只有滑块 14 和 15 的位置是相反的。问题就是纠正滑块 14 和 15 的位置，如何重新把滑块都排列到正确的位置上。

虽然所有人都绞尽脑汁地解答这道题，但是谁也没有得到那 1 000 美元的赏金。每个人都努力想找到答案，因为每个人都信心满满地觉得自己一定能找到答案。当时还出现了很多搞笑的事情，比如售货员沉迷解题忘了打开店门，邮局的一个官员整晚都在路灯下解答这个题，领航员把轮船领上了浅滩，火车司机把火车开过了站，农民扔下了自己的犁……"

这里给大家介绍一下这个游戏的基础理论。总的来说，这个游戏跟高等代数的一个分支——行列式论的关系十分紧密，理论非常复杂，在此只介绍阿伦斯讲述的一些观点。

游戏的目的是，利用空位移动滑块，将任意排序的15个滑块按照数字大小的顺序重新排列：第一排从左往右依次是1、2、3、4；第二排从左往右依次是5、6、7、8等，如图122就是滑块的正确排序。

现在你想象一下15个滑块杂乱无章地排列开，通过一系列移动，总能把滑块1移动到图中所示的位置。滑块1不动，还可以完全把滑块2移动到指定位置。然后，滑块1、2都不动，还是可以把滑块3、4移动到指定位置。

如果不是它们偶然处在两个相邻的数列中，很容易把它们移动到两个相邻的数列中，再通过一系列移动就能把它们移动到指定的位置上。现在最上面一行的滑块1、2、3、4的位置已经调好，接下来的移动中就不再碰这四个滑块了。用同样的方法把第二行的滑块5、6、7、8移动到相应位置，显然这样的移动什么时候都能实现。接着，在两行的空间内，总能成功地把滑块9、13移动到指定位置，下面的移动中将不再动已经移动到正常位置的滑块1、2、3、4、5、6、7、8、9和13。

还剩下6个方格，一个空的和5个被滑块10、11、12、14、15随意占据着，在这6个方格空间内，总是可以成功地将滑块10、11和12移动到指定位置。此时剩下的滑块14和15，要么排序正确，要么相反（如图123所示），可以通过一步求证。

1	2	3	4
5	6	7	8
9	10	11	12
13	14	15	

图 122

1	2	3	4
5	6	7	8
9	10	11	12
13	15	14	

图 123

不管初始的排序是什么样的，都会变成两种情况：要么变成图 122 中 I 的排序，要么变成图 123 中 II 的排序。

为了看起来更简单，假设某种最终变成情况 I 的排序为 S，显然情况 I 的排序也能调整成排序 S，也就是将所有移动滑块的步骤反过来进行，比如只要开始反过来走，情况 I 中的滑块 12 就会马上被移动到盒子中空着的方格上。

这样的话，我们就能得到两个不同系列的排序，一个系列是可以调整为正常的情况 I，另外一个系列是可以被调整为情况 II。反之，从情况 I 还可以还原为该系列中的任何一种排序，从情况 II 也都可以还原成本系列中的任何一种排序。因此，同一个系列中的两种任意排序，它们之间是可以互相转变的。

那么，可不可以把情况 I 的排序和情况 II 的排序合二为一呢？通过严格证明（细节就不做详细介绍了）可知，不管移动多少下，这两种排序都不可能变成对方。所以，滑块的众多排列可能性可以分成两个系列：①可以调整为情况 I 排序的一系列；②可以调整为情况 II 排序的一系列。但那时这个系列是无论如何都不可能调整成正常排序的，而想要获得巨额奖赏只有把系列的排序调整为正常排序。

那么，怎么知道某种排序是第一系列的还是第二系列的呢？看下面的例子。

如图 124 所示的排序，第一行和第二行（除滑块 9）的滑块位置都是正确的，滑块 9 占据的应该是滑块 8 的位置，也就是说滑块 9 是在滑块 8 前面，我们把这种提前称为"无序"。因此可以说，滑块 9 这里存在一个无序。接着看，我们发现滑块 14 也提前了，它比正常位置提前了三个滑块，即滑块11、12 和 13，这里就出现了三个无序：滑块 14 相对于 11、12、13 分别提前。由此可以计算出有 3+1=4 个无序。滑块 12 的位置比 11 提前，同样滑块 13也比 11 提前，所以又出现两个无序，总共有 6 个无序。

1	2	3	4
5	6	7	9
8	10	14	12
13	11	15	

图 124

预先将右下角的位置空出来，可以用之前同样的方法计算出每个排序中无序的总数。如果无序的总数是偶数，就像前面举例中那样，那么就可以把这个排序调整为正确的排序。如果无序的总数是奇数，那么这个排序就属于无解的那个系列。当然，零个无序属于偶数。

当用数学揭示出这个游戏的真面目之后，就会觉得人们之前对游戏的狂热真是不可思议。数学给这个游戏建立了严谨的理论体系，毫无疑点。这个游戏的结果并不是偶然的，不取决于玩游戏的人的智商，而是完全取决于数学因素，数学早已预见到这个游戏的结果了。

现在，让我们看一下这个领域中的一些有答案的难题，它们都是发明者劳埃德本人想出的。

【第一题】将图 123 中的排序调整为正确排序，但要空出盒子左上角的格子（如图 125）。

【解】由开始的排列形式经过 44 步的移动可以得到题目中所要求的滑块排序。

14、11、12、8、7、6、10、12、8、7、4、3、6、4、7、14、11、15、13、9、12、8、4、10、8、4、14、11、15、13、9、12、4、8、5、4、8、9、13、14、10、6、2、1。

	1	2	3
4	5	6	7
8	9	10	11
12	13	14	15

图 125

【第二题】如图 126 所示是一个盒子中滑块的排列，将盒子向右转 90°，然后将滑块调整为图 123 中的排序。

1	2	3	4
5	6	7	8
9	10	11	12
13	14	15	

图 126

【解】经过 39 次移动得到：

14、15、10、6、7、11、15、10、13、9、5、1、2、3、4、8、12、15、10、13、9、5、1、2、3、4、8、12、15、14、13、9、5、1、2、3、4、8、12。

【第三题】按照游戏规则，通过移动滑块将盒子变成一个魔方，并且让各个方向上的数字和都等于 30。

【解】通过下列移动可以得到一个 30 阶的魔方：

12、8、4、3、2、6、10、9、13、15、14、12、8、4、7、10、9、14、12、8、4、7、10、9、6、4、2、3、10、9、6、5、1、2、36、5、3、2、1、13、14、3、2、1、13、14、3、12、15、3。

注 释

①这个故事被马克·吐温写到了小说《竞选州长》中。

2 游戏稳操胜券的玩法

【题】这是一个双人游戏，在桌子上放 11 根火柴，用瓜子也可以。第一个人按照自己的想法拿一根、两根或三根火柴，接着第二个人也按照自己的想法拿一根、两根或三根火柴，然后第一个人再拿、第二个人再拿，依次轮流，但是每个人每次不能拿走超过三根，最后一根火柴被谁拿走，谁就输了。

请问，怎么玩这个游戏才能稳操胜券呢？

【解】如果你是先拿的那个人，开始要拿 2 根，留下 9 根。不管第二个人再拿多少根，你第二次必须拿到让桌子上留下 5 根火柴。这个很容易实现，不管怎么拿都能成功留下 5 根火柴。这样，不管对方再拿走多少根火柴，你最后再给他留 1 根，就赢了。

如果，你不是第一个先拿的人，想要取胜就看你的对手是否也知道这个取胜的秘法了。

3 填数字的游戏

【题】这个游戏不是"重排 15"那样在盒子里移动滑块，是另外一种游戏，跟有名的"1 和 0"的游戏很像。

这个游戏是两人轮流玩的，第一个人先在方格中的一个格子里写上 0~9 中的任意一个数字，第二个人选一个让对方在下一次填数字的时候，不会出现某行、列、对角线上三个数字的和等于 15 的格子，写上不同的数字。

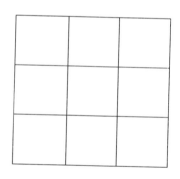

如果谁让某行、列、对角线上三个数字的和等于 15 或者是轮到填上最后一个格子，谁就赢了。那么，你觉得这个游戏有必赢的方法吗？

【解】想赢的话，要从数字 5 开始填，但是要填到哪个格子里呢？有三种可能性，下面分析一下。

①把 5 填在中间的格子里，不管对方在哪个格子中写数字，你都可以继续在这一行、列、对角线剩余的格子中填数字。

假设对方写下的数字是 x，要想赢，最后一个格子里应该填 $15-5-x$，即 $10-x$，而且小于 9。

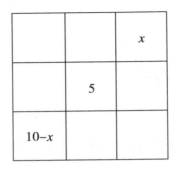

②你在角上的某个格子中填上 5，对方选格子 x 或者 y。如果对方在 x 格中填上数字，你就要在 y 格中填上数字，而且使 $y=10-x$；如果对方在 y 格中填数字，那么你就在 x 格中填数字，使 $x=10-y$。不管哪种情况，你都会赢。

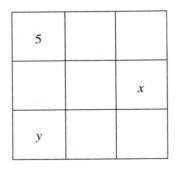

③你在最边上一列中间的格子里填数字 5，对方可以选填 x，y，z，t 中任何一个格子。

如果对方在 x 格中填数字，你就写在 y 格里，让 $y=10-z$。同理，如果对方选 y 格，你用 $x=10-y$ 应对；对方选 z 格，你用 $t=10-z$ 应对；如果对方选 t 格，你用 $z=10-t$ 应对。所有情况下你都能赢。

	x	z
5		
	y	t

4 "32 根火柴"的游戏

【题】这个游戏需要两个人玩，在桌子上放 32 根火柴，第一个人可以拿走 1 根、2 根、3 根或 4 根火柴，第二个人拿 1 根、2 根、3 根、4 根火柴都可以，但是不能拿超过 4 根。然后第一个人再任意拿不超过 4 根火柴，第二个人……依次轮流，最后一根火柴被谁拿走了谁就赢了。

这个游戏的玩法很简单，它有趣的地方是只要计算好先拿几根火柴，先玩儿的那个人一定会赢。那你知道第一个玩的人要怎么赢得游戏吗？

【解】尝试玩一次这个小游戏，你就能轻易发现获胜的秘密。显而易见，如果你在走完倒数第二步后能给对方留下 5 根火柴，那么你就赢定了，因为对方最多也就拿 4 根火柴，最后一次一定会剩下火柴被你拿到。那么，需要解决的是你怎么才能做到给对方留下 5 根火柴呢？因此，你需要在这前一步后给对方留下 10 根火柴，这样的话，不管对方拿走几根火柴，至少都会给你留下 6 根火柴，而你总能给对方留下 5 根。那么，要想让对方在 10 根火柴中拿，你就要在上一步之前剩下 15 根火柴。

按照每 5 根火柴计算的话，就可以得出，你应该在桌子上留下 20 根火柴，再之前你应该留下 25 根火柴，第一次你应该留下 30 根火柴，因此，你先玩的话，首先应该拿走 2 根火柴。

综上所述，稳赢这个游戏的秘密就是：第一个玩的人首先拿走 2 根火柴，然后不管对方拿走几根火柴，你下一步拿完火柴都要留下 25 根，你再拿，要留下 20 根火柴，接下来是留下 15 根、10 根、5 根，最后一根火柴永远都是你的。

5 又一种"32 根火柴"的游戏

【题】"32 根火柴"的游戏可以变换一种形式，谁拿走最后一根火柴谁就输，这回要怎么玩才能赢呢？

【解】现在是条件反过来了，也就是说，拿走最后一根火柴的人算输的话，那么你在走完倒数第二步的时候应该留下 6 根火柴在桌子上。只有这样，不管对方拿走几根，剩下的火柴数都不会少于 2 根，也不会超过 5 根。也就是不管你怎么拿都能给对方留下 1 根火柴。因此，你就要在上一回合结束后给对方留下 11 根火柴，再之前的回合后应该留下 16 根火柴，依次往前推，留下 21、26、31 根火柴。

所以，你最开始就只拿 1 根火柴。接下来你给对方留下 26、21、16、11、6 根，最后一根火柴就一定是对方的了。

6 "27 根火柴"的游戏

【题】这个游戏和前面的游戏相似，也是双人游戏，两人轮流拿不超过 4 根火柴，只是获胜的标准不一样，谁最后的火柴数是偶数谁就赢了。

仍然是先玩的人有优势，可以精确计算每一步，让自己稳操胜券。那么你知道这个游戏获胜的秘诀是什么吗？

【解】找到这个游戏获胜的秘诀可比"32根火柴"的游戏要难很多，需要分两种情况分析：

①如果你在倒数第二步时所有的火柴数是奇数的话，想要获胜你就要给对方剩下5根火柴。下一步对方只能给你剩下4、3、2或1根火柴。如果给你剩下4根，你拿3根就赢了；如果给你剩下3根，你拿走3根也会赢；如果给你剩下2根，你就拿1根还是能赢。

②如果你在倒数第二步时所有的火柴数是偶数的话，那么你应该给对方剩下6或7根火柴。我们推测游戏的进行，如果对方在下一步后给你剩下6根火柴，你拿1根后手里所有火柴数就变成奇数，你可以淡定地给对方剩下5根，因为对方输定了。

如果对方给你剩下5根火柴，你拿走4根就赢了。如果给你剩下4根，你都拿走，也一定会赢。如果给你剩下3根，你拿走2根还是会赢。还有最后一种可能，对方只给你剩下2根火柴，你都拿走也会赢，但是对方不可能给你剩下少于2根的火柴。

显而易见，这个游戏的取胜秘诀就是：如果你现有的火柴数是奇数，每走一步后你给对方剩下的火柴数要比6的倍数少1，也就是5、11、17、23；如果你现有的火柴数是偶数，每走一步后你给对方剩下的火柴数应该是6的倍数或者比6的倍数大1，也就是6或7，12或13，18或19，24或25。零也是偶数，所以在游戏开始时，你先从27根火柴中拿走2或3根，接着几个回合就按照上面的说明拿就可以了。

只要对方不知道这个秘诀，你就赢定了。

7 又一种"27 根火柴"的游戏

【题】把"27 根火柴"的游戏的输赢条件调换一下:不是最后火柴数是偶数的那个人赢,而是最后的火柴数是奇数的人赢。这样的话,之前必赢的秘诀还有用吗?

【解】游戏的输赢条件相反,如果你还想必赢的话,要这么玩这个游戏:当你手里有的火柴数目是偶数时,在每一步之后,你留给对方的火柴数目应该是比 6 或者 6 的倍数少 1;当你手里有的火柴数目是奇数时,你每一步后留给对方的火柴数目应该是 6 及 6 的倍数或者比 6 及 6 的倍数大 1。这样的话,胜利非你莫属。

游戏开始时,你还没有火柴,也就是 0 根火柴(0 也是偶数),所以你第一步要拿 4 根火柴,给对方剩下 23 根。

8 算术格子中的旅行

这是多人游戏,需要做下面的准备:

①厚纸板,尺寸要大;

②色子(用 1 厘米厚的木板做);

③参与游戏的每一个人有一个标志物。

把厚纸板裁成正方形作为游戏板,在这个正方形上划分出 10×10 个小方格,并且依次将数字 1~100 写在小方格中,如图 127。

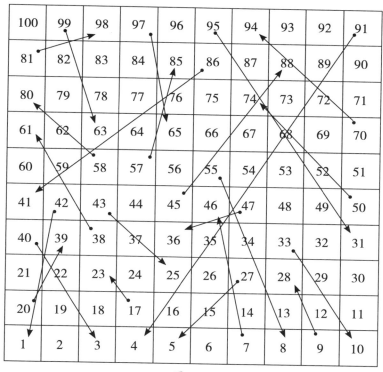

图 127

从准备的 1 厘米厚的木板上锯出一个小立方体做色子，将各个棱角打磨光滑，用像标记多米诺骨牌上的点数那样，分别在小立方体的各面标记数字 1~6 点。

每个人的标志物用不同颜色的小圆环、小方块都可以。

游戏开始。玩家拿走标志物后开始依次掷色子，掷出 6 点的那个人，就把自己的标志物放在游戏板上第 6 格里面，下一次掷出多少点，就把标志物往前移动多少格，如果正好移动到有箭头起点的格子里，标志物就要沿着箭头走到终端的格子里——可能是前进，也可能是后退。

先走到第 100 格的那个人获胜。

9 猜数字游戏

【题】请你想出一个数，然后按照下文要求的计算，我可以猜出你计算的结果。如果你算得的结果跟我猜的不一样，那你就需要检验一下自己的计算过程了，因为是你错了而不是我。

题①：请想一个小于 10 的数，0 除外。

这个数乘以 3，再加 2，再乘以 3，再加上这个数，将所得结果的第一个数字删掉，再加 2，再除以 4，再加 19。

我猜：你现在的结果是 21。

题②：请想一个小于 10 的数，0 除外。

这个数乘以 5，再乘以 2，加 14，再减去 8，将计算结果中的第一个数字删掉，再除以 3，再加 10。

我猜：你现在的结果是 12。

题③：请想一个小于 10 的数，0 除外。

这个数加上 29，将计算结果的最后一个数字删掉，再乘以 10，再加 4，再乘以 3，再减去 2。

我猜：你现在的结果是 100。

题④：请想一个小于 10 的数，0 除外。

这个数乘以 5，再乘以 2，再减去这个数，所得结果的各个数字相加，再加 2，求平方，再减 10，再除以 3。

我猜：你现在的结果是 37。

题⑤：请想一个小于 10 的数，0 除外。

这个数乘以 25，加 3，再乘以 4，将所得结果的第一个数字删掉，求剩下数的平方，再把所得结果的各个数字相加，再加 7。

我猜：你现在的结果是 16。

题⑥：请想一个两位数。

所想的数加上 7，用 110 减所得的和，加 15，再加你想的数，再除以 12，减 9，再乘以 3。

我猜：你现在的结果是 150。

题⑦：请想一个小于 100 的数。

这个数加上 12，用 130 减去所得的和，加 5，再加上所想的数，减去 120，再乘以 7，减 1，再除以 2，加 30。

我猜：你现在的结果是 40。

题⑧：请任意想一个数，0 除外。

这个数乘以 2，加上 1，再乘以 5，除最后一个数外删掉所有的数字，用剩下的这个末位数再乘以它自己，把积的各个数字相加。

我猜：你现在的结果是 7。

题⑨：请想一个小于 100 的数。

先加上 20，170 减去这个和，所得的差再减 6，再加上所想的数，将所得和的各位上的数字相加，求和的平方，再减 1，再除以 2，再加 8。

我猜：你现在的结果是 48。

题⑩：请想一个三位数。

将这个数从左往右连续写两遍，变成一个六位数，除以 7，再除以所想的数，再除以 11，再乘以 2，将所得积的各位上的数字相加。

我猜：你现在的结果是 8。

【解】假设题①中所想的数字是 a，从开始是这样计算的：$(3a+2)\times3+a=10a+6$。然后就得到一个两位数，即 $10a+6$，a 是想定的数字，个位数是 6，再将十位上的数字删掉，即可得到 6。

剩下的就很清楚了。

题②、题③、题⑤、题⑧都是这道题的变化形式而已。

题④、题⑥、题⑦、题⑨中，使用了别的方法去掉了所想定的数字。

例如题⑨中，开始的计算过程是：$170-(a+20)-6+a=144$，剩下的就不用多说了。

题⑩的解答方法比较特殊，要求把一个三位数"从左往右连续写两遍"，也就是将这个数乘以 1 001，如 356×1 001=356 356。而 1 001=7×11×13，所以，假设所想的数是 a，那么开始的计算过程是：$\dfrac{a\times1\,001}{7\times a\times11}$=13，下面的过程就简单了。

所以，这些题的关键是在运算过程中把所想的数字去掉，当你知道这个关键点后，也可以尝试自己构想出相似的题目。

$\boxed{10}$ 一起来猜谜

【题】我和读者朋友们一起玩个游戏，你们现在心里想出一个数字，我来猜。虽然你们可能是成千上万的人，可能距我千万里远，但这都没有关系，我仍然可以猜出你们心中所想的那个数字。

那么，我们开始吧！

你先任意想出一个数字，但是要注意，不要混淆"数字"和"数"——数字只有 0~9 十个，但是数有无数个。现在你想好一个数字了吗？先用它乘以 5，千万别算错了哦，要不然我们最后什么都求不出来。

乘以 5 了吗？然后把得到的积乘以 2，乘完了吗？好的。再加上 7，现在你把得到的这个数的第一个数字去掉，那就只剩下最后一位数字了。然后，再给剩下的这个数字加上 4，再减去 3，再加上 9。

你都按照我的要求完成了吗？那么，我现在告诉你，你心里计算得到的数是 17。

难道不是吗？再来一次吗？

来吧，想好一个数字。这个数乘以 3，再乘以 3，再加上你所想的数字。算好了吗？再加上 5，再把所得到的数的各个位数上的数字都删掉，只留下最后一位数字。删掉了吗？然后加 7，减 3，再加 6。现在我告诉你，你得到的结果是 15。

我猜对了吗？如果没有猜对，那肯定是你某一步计算错了。

还想再玩一次吗？来吧！

先想好数字，乘以 2，再乘以 2，加上你所想的数字，再加上你所想的数字，加 8，然后删掉所得结果中所有的数，只留下个位数，再减 3，加 7。

你现在得到的结果一定是 12。

我可以准确无误地猜无数次，知道我是怎么做到的吗？

你先想想，书出版几个月前我就写下了这些内容，也就是说比你们想数字要早很长时间呢，可见我猜到的答案其实与你们想到的数字没有关系，可是我究竟怎么做到的呢？

【解】想要知道我是怎么猜到的，首先要了解我对于你们所想的数字做了什么运算。

第一个例子中，我首先将想定的数字乘以 5，再乘以 2，也就是：想的数字 ×5×2，即乘以 10，所有的数字乘以 10 后得到的积数都是以 0 结尾的，那么我又让你加上 7，现在我就知道你心里想的是一个两位数，虽然第一个数字我不知道，但是我知道第二个数字就是 7。

我又让你把我不知道的第一个数字去掉了，那么你心里剩下的数字当然是 7 了。其实我现在就可以说出这个数字，但是我很狡猾，为了迷惑你，我又让你用 7 这个数字去加减不同的数字，但是都无关紧要，直到最后我才告诉你结果是 17。其实，不管最开始想的数字是几，你最后得到的一定是这个结果。

为了不让你过早地发现我这个方法的秘密，第二次我用了另外一种方法猜。我先让你把想定的数字翻了三倍，然后再翻三倍并加上想定的数字。最终得到的结果很容易就算出来了：将想定的数字 ×3×3+1，即 10。这样我就知道所得结果最后一个数字是 0。剩下就可以按照套路进行了：加上一个数，去掉未知的十位数，然后再对我已经知道的结果做几步运算当掩饰。

实际上，第三题也是换汤不换药。我先让你把想定的数字翻一倍，再把得到的结果翻一倍，再翻一倍，然后两次加上想定的数字，这之后的结果就是：想定的数字 ×2×2×2+1+1=10。接下来的还是老一套，过程你都知道了。即使你想定的数字是 1 或者 0，这个结果都不会出错。

现在，你可以和没读过这本书的朋友玩这个数字游戏了，你还可以想出自己的猜谜方法，其实并不难。

11 猜一个三位数

【题】请你在心里先想好一个三位数，不要说出来，用这个数百位上的数字乘以 2，个位、十位上的数字不变，用所得的积加 5，然后再乘以 5，再加上想定的三位数十位上的数字，得到的和乘以 10，再加上想定的三位数个位上的数字。现在，你告诉我得到的结果是多少，我能立刻猜出你开始在心里想的那个三位数。

例如，假设你在心里想到的三位数是 387，然后做出一系列计算：

百位上的数字乘以 2，即 3×2=6，

再加 5，6+5=11，

再乘以 5，11×5=55，

加上十位上的数字，55+8=63，

再乘以 10，63×10=630，

加个位上的数字，630+7=637。

最后我根据你告诉的这个计算结果 637，猜出你最初想的那个三位数。你知道我是怎么猜出来的吗？

【解】仔细看一遍每个数字都进行了哪些运算？百位上的数字先乘以 2，再乘以 5，继续乘以 10，总计 ×2×5×10=100。十位上的数字乘以 10，个位上的数字没有变，另外这个三位数还加上了 $5 \times 5 \times 10 = 250$。

如果将所得的结果减去 250，那么剩下的就是：乘以 100 的百位上的数字加上乘以 10 的十位上的数字，再加上个位上的数字，其实这就是你想定的三位数。

现在你知道我是怎么猜出来的了吧，简单地说，就是把你告诉我的结果减去 250，得到的就是你想定的那个三位数。

12 猜数字的魔术

【题】你想定一个数，然后加 1，乘以 3，再加 1，再加上想定的数，告诉我你计算的结果。

然后，我用这个结果减 4，再除以 4，再次得到的数就是你想定的那个数。

例如，你想定的是 12，做如下计算：

加 1，得 13；

乘以 3，得 39；

加 1，得 40；

再加想定的数，40+12=52。

当你告诉我 52 的时候，我先减去 4 得到 48，然后再除以 4，得到 12，也就是你想定的数。

为什么我每次都能成功猜出来呢？

【解】如果你仔细观察过计算过程的话，就会发现，猜数的人最后得到的结果就是想定的数字的 4 倍再加 4。那么，从结果中减去 4 再除以 4，当然就得到了想定的那个数字了。

13 猜出被删除的数字

【题】请你周围的人先想定一个多位数，然后做如下运算：

写出想定的数，然后打乱各位上的数字，重新排列成一个多位数。

用这两个多位数中较大的数减去较小的数，任意删去结果中除 0 以外的一个数字，然后把剩下的所有数字按照随意的次序告诉你。最后，你告诉大家被删掉的那个数字是多少？

例如，你周围的人想定的数字是 3 857，做一系列运算：

3 857，打乱任意排列，变成 8 735，

大数减小数，8 735–3 857=4 878。

删掉数字 7，按照任意排序告诉你剩下的三个数字是 8、4、8。

根据上面的那些信息，你能猜出被删掉的数字是 7 吗？

【解】能被 9 整除的数字有一个特点，即任何一个数除以 9 得到的余数，等于这个数各个数位上数字相加的和同 9 相除的余数。如果知道这个特点就会明白，如果构成两个数的数字是相同的，只是数字顺序不同，那么这两个数同 9 相除，得到的余数是相等的。由此可得，如果这两个数相减，得到的差一定能被 9 整除，即余数都为 0。

综上所述，你就能知道在把两个数相减后得到的差，这个差的各个数位上数字的和一定是 9 的倍数。因为对方告诉你的 8、4、8 这三个数的和是 20，想要数字和相加能被 9 整除，那么被删掉的数字只能是 7 了。

14 猜一个人的生日

【题】你可以和同学一起玩这个游戏，先让对方在纸上写出自己的出生日期，具体到月日，然后做下列运算：

求生日日期的双倍，将所得结果乘以 10，再加上 73，再乘以 5，再加上生日的月份数。算出结果后让对方告诉你，你由此猜出他的生日是哪一天。

例如，你同学是 8 月 17 日的生日，做下列运算：

$$17 \times 2 = 34$$

$$34 \times 10 = 340$$

$$340 + 73 = 413$$

$$413 \times 5 = 2\ 065$$

$$2\ 065 + 8 = 2\ 073$$

你根据同学告诉计算出的结果 2 073，猜出他的生日日期，怎么才能做到呢？

【解】想猜出别人的生日日期，需要用最后的结果减去 365，得到的差中最后两位数即是月份，前面的两位数是日子，如题目中的举例，2 073−365=1 708，就可以知道同学的生日日期是 8 月 17 日。这是为什么呢？

假设月份是 K，日子是 N，以此按要求进行计算，可以得到（$2K \times 10 + 73$）$\times 5 + N = 100K + N + 365$。显然，减去 365，就得到一个包含 K 的 100 倍和 N 的数。

15 猜对方的年龄

【题】如果你能让对方按照下面的步骤做，就能准确猜出对方的年龄。

依次写出两个数字，两数字之间的差大于1；

在它们中间任意加一个数字，得到一个三位数；

将这个三位数反过来写，得到另外一个三位数；

用较大的三位数减去较小的三位数，得到一个差；

将差中的数字任意打乱后重新排列，得到一个新数；

用这个新数与之前的差相加；

再加上自己的年龄。

等对方把这个计算结果告诉你，你就可以猜出对方的年龄了。

例如，对方23岁，按照要求的步骤运算：

25

275

572

572–275=297

297+792=1 089

1 089+23=1 112

然后对方告诉你1112这个数，你能根据这个数准确猜出对方的年龄吗？

【解】多用几个例子进行计算，你就会发现，同年龄相加的总是1 089这个数。所以，你只需要将对方告诉你的结果减去1 089，就能得到对方的年龄了。

为了不暴露秘密，可以将最后几步运算简单变化下，比如将1 089除以9，再用商加上年龄等。

16 猜有几个家庭成员

【题】请一位朋友按照下面的步骤做，你就能猜出他有几个兄弟姐妹。

兄弟数加 3，

和乘以 5，

再加 20，

再乘以 2，

加上姐妹人数，

再加 5。

让朋友把得到的结果告诉你，你就能猜出他有几个兄弟姐妹了。

假设你的朋友有兄弟 4 人，姐妹 7 人，按照之前的步骤计算：

4+3=7

7×5=35

35+20=55

55×2=110

110+7=117

117+5=122

你知道计算的结果是 122，就能算出他有几个兄弟姐妹，但是你知道是怎么算出来的吗？

【解】将得到的结果减去 75 就是你朋友家庭成员的人数。如题目中的例子：122-75=47，其中十位上的数就是兄弟的人数，个位上的数就是姐妹的人数。

假设兄弟的人数是 a，姐妹的人数是 b，计算过程可以表示为：

$[(a+3)×5+20]×2+b+5=10a+b+75$。所以，最后结果一定是数字 a 和 b 组成的两位数。但是有一点要记住，只有在确定姐妹数没有超过 9 人的情况下，你才能这样去猜。

17 猜电话的魔术

【题】这个神奇的魔术是这样完成的。先让你的朋友任意写下一个三位数，但要求每个数字都不同，比如他写的三位数是 648，再让他把这个三位数反过来写，得到一个新的三位数 846，然后再用大的三位数减去小的三位数[1]，也就是 846-648=198。

把得到的差也反过来写，即 891，再加上之前的差，得到 891+198=1 089。

他在做上面一系列的运算时，你完全不知道，所以一定会让他认为你也不可能知道计算结果。

这个时候你给他一个电话本，让他翻到和所得结果前三个数字一样的那一页，也就是 108，他翻开后等待你下一步指示。你再让他从翻开的这一页，从上往下（或者从下往上）按照计算结果（即 1 089）中最后一位数字数出相应各用户姓名，当他数到第 9 位用户时，你说出该用户的姓名和电话号码。

你竟然能知道，肯定让你的朋友大吃一惊！他只是随便写出了一个三位数而已啊，你居然能正确猜出用户的姓名和电话号码。

这个魔术的秘密是什么？

【解】解开这个魔术的秘密很简单，因为你可以提前知道你朋友计算的结果：不管任意写的三位数如何进行计算，得到的结果都是 1 089，证明这个很简单。你只需要提前记住电话本第 108 页，从上往下或者从下往上数第 9 行的用户姓名和电话号码就好了，很简单吧。

注 释

①如果两个数相减的差是一个两位数（99），那么百位数上就是 0（099）。

18 色子数字的神秘猜法

【题】用硬纸片做几个色子（比如4个），每一面上都标上数字，如图128所示摆放起来。你可以用这几个色子给朋友们展示一个有趣的魔术。

你背过身不看，让你的朋友随意把这4个色子摞在一起，然后你转过来看一眼，马上就说出你看不到的色子面上的数字之和。比如你看到图128中摞起的色子，就要说出和是23。证明这个答案是正确的很简单。

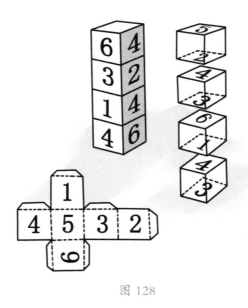

图 128

【解】一眼就说出和的诀窍在于数字在色子上的分布规律，也就是相对两个面上的数字之和相等，即都等于7（可以通过图128证实）。因此摞在一起的4个色子底面和顶面上的数字和是7×4=28。只要用28减去最顶面上的数字，就能准确无误地得到看不到的那7面上的数字之和。

19 数字卡片魔术

【题】准备 7 张卡片，如图 129 所示。留一张空白卡片，然后分别在剩余的 6 张卡片上写好数字，并按照图中的样子减掉一些数字，空白卡片也要按照图中做剪切。

往卡片上抄录数字的时候要认真，千万不要出错。写完后，把写好数字的 6 张卡片交给一位朋友，然后让他在心里选定一个数字，再把包含他所选的数字的那个卡片还给你。

39	63	54	38	45	61	49	33
53	□	57	46	43	41	□	62
34	40	□	55	42	51	59	35
60	32	44	49	□	48	□	58
36	48	50	56	52	47	42	37

45	63	27	10	58	9	61	42
29	8	11	57	30	59	□	62
13	24	□	60	40	47	14	56
46	□	12	44	□	25	□	27
43	15	41	31	26	62	12	26

5	47	28	53	61	13	20	52
37	□	44	30	46	55	4	7
22	63	□	12	62	14	60	31
23	□	29	54	□	15	□	6
46	36	39	21	45	28	63	38

11	38	62	51	43	26	55	15
10	□	63	35	31	19	□	46
14	3	□	59	27	7	58	18
26	□	6	47	2	39	□	22
54	23	50	30	35	42	11	34

33	49	27	17	21	55	61	39
3	□	31	51	63	43	□	13
15	7	1	19	15	23	59	41
57	□	29	9	□	35	□	51
53	5	47	25	45	33	11	37

54	23	18	58	63	31	20	51
29	□	61	50	20	27	□	62
56	28	□	17	59	48	21	60
31	□	19	55	□	30	16	53
63	49	24	57	22	52	27	25

图 129

你拿到卡片后，把这些卡片认真地摞起来，然后将空白卡片放在最上面的位置，再把减掉部分露出的数字在心里相加，得到的和就是你朋友心中默选的那个数字。

你自己可能无法识破这个魔术，卡片上独特的数字组合是这个魔术的关键，但是这个组合比较难懂，在这里就不做详细介绍了。我给精通数学的人写了另外一本书，你可以在那本书中找到我对这个魔术做的类似解释和由此衍生出的其他有意思的魔术。

20 猜未写出的数字

【题】有三个数，只有一个被写了出来，你要猜出三个数相加的和。这个魔术这样表演，你先让朋友任意写出一个多位数，即第一个被加数。

假设你朋友写的是 84 706，然后空出第二个和第三个被加数的位置，提前写出三个数的和：

第一个被加数···84706
第二个被加数···
第三个被加数···

　　　　和···184705

接着，你的朋友写出第二个被加数（这个数与第一个被加数位数相同），然后你自己写出第三个被加数：

第一个被加数···84706
第二个被加数···30485
第三个被加数···69514

　　　　和···184705

很容易证明你预先写出的和是对的，怎么做到的呢？

【解】如果一个五位数加上 99 999，也就是 100 000-1，在五位数前加上 1，再把最后一位数减去 1，这就是关键，然后在心里把 99 999 和第一个被加数相加：84 706+99 999，你预先写下三个数相加的和 184 705，现在的关键就是让第二个和第三个被加数的和为 99 999。

你应该在写第三个被加数的时候，让每一个数字与第二个被加数相对应的数字相加的和为 9，就像例子中，第二个被加数是 30 485，所以你写的是 69 514，因为+$\dfrac{\begin{matrix}30\,485\\69\,514\end{matrix}}{99\,999}$，这样的话，你预先写出来的肯定是正确的。

21 预测和数字占卜

【题】19世纪的俄罗斯十分流行数字占卜，当然这也无处考证。这种占卜的潮流可以从屠格涅夫的一部小说中了解到，下面展示下这个数字占卜会导致的后果。伊利亚·杰格列夫，因为数字上的巧合，他认为自己是没被认出来的拿破仑，他自杀之后，人们在他的口袋里发现了一张写满运算的纸条，如下：

拿破仑的生日：1769 年 8 月 15 日

1 769	1
15	7
8（8月）	9
	2
总计 1 792	总计 19

伊利亚·杰格列夫的生日：1811 年 1 月 7 日

1 811	1
7	8
1（1月）	1
	9
总计 1 819	总计 19

拿破仑死于 1825 年 5 月 5 日

1 825	1
5	8
5（5月）	3
	5
总计 1 835	总计 17

伊利亚·杰格列夫死于 1834 年 7 月 21 日

1 834	1
21	8
7（7月）	6
	2
总计 1 862	总计 17

"一战"初期也十分流行类似的数字占卜，人们希望通过这种数字占卜的方式预测战争结果。1916 年，瑞士一家报纸在"神秘"版面刊登了一篇文章，预测出德国皇帝和奥匈帝国皇帝的命运：

	威廉二世	佛兰茨·约瑟夫
出生年份	1859	1830
登基年份	1888	1848
年龄	57	86
在位时间	28	68
	总计 3 832	总计 3 832

正如你看到的那样，最后的和相同，而且这个和正好是 1916 的两倍，由此而预测，命中注定这两位皇帝会死在这一年……

我们不在这里讨论这些数字上的巧合，就是说说人们是多么愚蠢，只相信迷信占卜，而想不到只要把算式的各行位置调换一下，什么神秘都荡然无存了。

各行分布如下：

出生年

年龄

登基年份

在位时间

现在想一下，如果把一个人的年龄和他的出生年份加在一起，得出的和是哪一年？当然是这个计算发生时的年份，即现在的年份。同样，如果把在位时间和登基年份相加，得到的仍是当下的年份。到此就很好理解，为什么和两位皇帝有关的四个数字相加的和一样，都是 1 916 的两倍，而且也不会出现别的结果。

我们也可以利用上面的解释做一些有趣的数字魔术。先找一个并不知道这个秘密的朋友，让他背着你在纸上写出下面 4 组数，并相加：

出生年

工作年份（入学年份等）

年龄

工龄（学龄等）

虽然其中任何一个数你都不知道，但是你仍然能轻易猜出结果，就是你表演这个魔术当下年份的两倍。

如果你是反复表演这个魔术，就很容易暴露秘密，所以为了迷惑别人，除了这 4 组数，可以再加几个其他你已经知道的数。想要表演得更好，最好每次加的数都不一样，这样别人也很难猜出魔术的奥秘所在。